# 气候驱动与流域下垫面变化的水文效应

王国庆 杨勤丽 金君良 管晓祥 万思成 等 著

中国水利水电出版社
www.waterpub.com.cn
·北京·

## 内 容 提 要

　　本书面向气候变化驱动下区域下垫面变化的水文效应这一国际前沿问题，选择位于半干旱区的漳河上游、高寒区的黄河源区和湿润区的清流河流域作为研究对象，重点分析气候-下垫面-径流的效应传递规律和不同下垫面的水文过程响应机理；基于长序列水文气象资料和遥感影像观测资料等，分析植被、积雪等下垫面要素的空间特征和历史演变特点，建立不同下垫面要素与气候驱动因子之间的定量关系，揭示气候变化对下垫面演变的驱动作用；构建了考虑区域下垫面特征的流域水文模型，深度解析了气候变化驱动下流域水文过程的气候和下垫面变化的响应，并结合未来气候变化，预估了流域水资源情势。

　　本书适合水利科学、地球科学、生态科学等多个学科领域的研究人员以及高等院校相关专业的教师、研究生和高年级本科生阅读。

## 图书在版编目（ＣＩＰ）数据

气候驱动与流域下垫面变化的水文效应 / 王国庆等著. -- 北京 : 中国水利水电出版社，2024.7
ISBN 978-7-5226-0159-5

Ⅰ. ①气… Ⅱ. ①王… Ⅲ. ①气候变化－影响－下垫面－水文循环 Ⅳ. ①P46

中国版本图书馆CIP数据核字(2021)第211155号

审图号：GS京（2024）1810 号

| 书　　　名 | 气候驱动与流域下垫面变化的水文效应<br>QIHOU QUDONG YU LIUYU XIADIANMIAN BIANHUA DE SHUIWEN XIAOYING |
|---|---|
| 作　　　者 | 王国庆　杨勤丽　金君良　管晓祥　万思成　等著 |
| 出 版 发 行 | 中国水利水电出版社<br>（北京市海淀区玉渊潭南路 1 号 D 座　100038）<br>网址：www. waterpub. com. cn<br>E - mail：sales@ mwr. gov. cn<br>电话：(010) 68545888（营销中心） |
| 经　　　售 | 北京科水图书销售有限公司<br>电话：(010) 68545874、63202643<br>全国各地新华书店和相关出版物销售网点 |
| 排　　版 | 中国水利水电出版社微机排版中心 |
| 印　　刷 | 北京中献拓方科技发展有限公司 |
| 规　　格 | 184mm×260mm　16 开本　12 印张　263 千字 |
| 版　　次 | 2024 年 7 月第 1 版　2024 年 7 月第 1 次印刷 |
| 定　　价 | **80.00 元** |

# 前　言

在全球变暖背景下，伴随经济社会的快速发展，我国新老水问题交错，水安全问题突出。一方面，全球变暖趋势明显，极端气候事件增加，由此引发的洪涝、干旱等水灾害问题日益明显；另一方面，气候变化引起下垫面显著变化，从而改变了流域产汇流过程，气候变化和下垫面变化二者协同驱动改变了水循环及其伴生要素演变的边界条件，增加了水循环变化的不确定性，导致我国水安全问题更加复杂。环境变化导致的水安全问题对新时代治水理念的实施和水利灾害防治体系的建设提出了新的挑战，迫切需要科学剖析气候和下垫面变化驱动下水文过程响应机理、全面掌握环境变化状况、客观评估环境变化影响、准确预测环境变化趋势。

在国家"十四五"重点研发计划项目"黄河水源涵养区环境变化的径流效应及水资源预测"（项目编号：2021YFC3201100）、"鄂尔多斯盆地植被恢复及水文效应研究"（项目编号：2022YFC3205200）和"十四五"国家重点研发计划项目课题"变化环境下长江黄河极端枯水遭遇规律和空间变异机制"（课题编号：2022YFC3202301）、"区域水平衡与水资源安全评价"（课题编号：2021YFC3200201）、"能量和水分相态变化对区域产汇流过程的影响及模拟"（课题编号：2022YFC3201701），"十三五"重点研发计划课题"自然和人类活动对地球系统陆地水循环的影响机理"（课题编号：2016YFA0601501）、"区域水土资源空间网络系统变化特征和驱动机制研究"（课题编号：2017YFA0605002），国家自然科学基金项目"东部低山丘陵区关键带水分物质运移过程、转化机理及数值模拟"（项目编号：41830863）、"黄河流域下垫面变化对水文生态的影响机理及适应性调控"（项目编号：U2243228）、"气候与下垫面变化下基于深度学习的流域径流预测及可解释性研究"（项目编号：52079026）、自然科学基金委员会的国际（地区）合作与交流项目"INFEWS：U.S.－China：自然-人类相互作用下的黄河流域'粮食-能源-水'系统互馈机理与协同调控"（项目编号：41961124007）和国家自然科学基金创新研究群体项目"气候变化与水安全"（项目编号：52121006）的共同支持下，本书对气候驱动与流域下垫面变化的水文效应进行了系统研究。本书的出版也得到了南京水利科学研究院出版基金资助。

本书共分 8 章，第 1 章绪论，主要介绍本项研究的科学意义、国内外研究现状，以及本书重点研究的科学问题和核心内容；第 2 章从全球—中国—典型流域三个层面分析了全球变暖背景下气温、降水的演变特征；第 3 章侧重介绍位于干旱区域的漳河上游、湿润区域的清流河流域、高寒区域的黄河上游下垫面的变化及其对气候变化的响应；第 4 章综合分析了变化环境下实测径流的演变特征及降水径流关系；第 5 章针对三个典型流域的水文气象特征，开展了变化环境下水文过程模拟研究；第 6 章基于水文循环全过程模拟探讨了不同环境变化条件下流域蒸发、径流及其组成的响应；第 7 章结合未来气候变化趋势，综合评估了气候变化驱动和下垫面变化条件下的流域水资源情势；第 8 章系统概括了本书的主要研究结论，并提出了未来需要进一步研究的方向。

本书由王国庆教授设计并统稿，全书由王国庆、杨勤丽、金君良、管晓祥、万思成共同执笔，相关研究项目的核心成员参与各相关章节内容的分析研究工作。王国庆、杨勤丽、王婕负责了第 1 章、第 2 章编写，王国庆、杨勤丽负责了清流河流域的相关内容编写，管晓祥、王国庆、金君良、刘翠善负责了黄河上游相关内容编写，万思成、王国庆负责了漳河上游相关内容编写。翟然、刘悦、罗莎莎、宁忠瑞、李杨等参与了第 2、第 3、第 4 章的分析计算工作，唐雄朋、张恒、王婕、王乐扬等参与了第5、第6、第7章的分析计算工作。鲍振鑫教授、刘艳丽教授、贺瑞敏教授、孙高霞高工对全书进行了校对审核，并提出了宝贵的修改意见，笔者对所有为本书出版做出贡献的同事、同学和朋友致以衷心的感谢。

上述项目的执行和本书的编写自始至终得到了南京水利科学研究院张建云院士、关铁生教授、王银堂教授，电子科技大学邵俊明教授、胡光岷教授、何彬彬教授，水利部水文局李岩教授、王金星教授，海河水利委员会水文局高云明教授，黄河水利委员会水文局金双彦教授、李雪梅教授，黄河水利委员会西宁水文水资源勘测局蓝云龙教授，长江水利委员会水文局杨文发教授等专家、同事的大力支持和帮助，在此一并表示感谢。

变化环境下的水文过程涉及流域水资源和防洪安全，并且对国家经济社会可持续发展具有重要影响。气候驱动-下垫面变化-水文响应这一多过程驱动响应机理及定量化评估涉及气候学、水文学、生态学等多门学科，限于目前认知水平，该领域的一些关键科学问题仍是未来较长时期内需要重点研究的难点和热点。限于作者水平，书中难免存在疏漏，敬请广大读者批评指正。

作者

2022 年 8 月

# 目  录

# 第1章 绪 论

## 1.1 研究目的和意义

全球气候变化是目前最重要的环境问题之一，已经引起世界各国政府及科学家的高度重视。水是受气候变化影响最直接和最敏感的领域，IPCC 主席 K. 帕乔里在 IPCC 技术报告"气候与水"的序言中指出"气候、淡水和各经济社会系统以错综复杂的方式相互影响，其中某个系统的变化可引发另一个系统的变化，定量识别气候变化与淡水资源的关系是人类社会关切的首要问题"（IPCC，2008）。气候变化是导致全球下垫面变化的一个重要驱动因素，并且通过加剧水文循环及其直接或间接的影响，进一步威胁到供水安全和粮食安全（Walter et al.，2010；James et al.，2013）。在气候与植被变化等因素的影响下，观测到的全球蒸发与径流等要素发生了显著的趋势性变化（Lawrimore et al.，2000；宁忠瑞 等，2020）。系统揭示气候变化驱动下区域下垫面与水文过程的响应机理是国际气候变化领域的前沿科学问题（Stahl et al.，2010；IPCC，2014；刘昌明 等，2014）。

水文循环是地球系统的重要组成部分，在物质迁移和能量传输中起着媒介和驱动作用。降水、蒸散发、径流和土壤水是流域水文循环过程中的关键要素。其中，降水是流域重要的水量补给源，蒸散发是主要的地表水量损失组成部分，二者共同控制着流域的水量平衡，其微弱的改变可能会对地表水资源量产生显著的影响；河川径流是地表水资源量最重要的表现形式，直接关系到人类及其他生物的生存；土壤水在大气水、地表水和地下水的交换中起着连通作用，同时也直接控制着径流的产生、蒸发的变化和陆面植物的生长。这三大水文循环要素在某种程度决定了区域天然水资源状况、生态环境优劣，进而成为区域社会与环境和谐及经济可持续发展最为重要的制约因子之一（芮孝芳，2004）。

以气温升高和极端降水事件增多增强为主要特征的全球气候变化对地球系统产生了深远的影响，其中水文循环是受气候变化影响最直接和最重要的系统之一。气候变暖将加剧水文循环过程，影响降水、蒸散发、土壤含水量和河川径流等的时空分布特征，增加极端水文事件发生的概率，并且影响区域水资源的分布特征，影响到国家的中长期发展战略（Vorosmarty et al.，2000；张建云 等，2007）。有效应对气候变化成为我国中长期科学和技术发展的需要，而研究水文循环过程对气候变化的响应是有效应对气候变化的重要基础工作。

　　高强度的人类活动使得区域下垫面发生了显著的变化，植被是与水文循环密切相关的下垫面因子（穆兴民 等，2000）。植被变化改变了地表能量平衡和水分平衡态势，对土壤的渗透能力以及毛管上升作用有一定的影响，造成蒸散发、径流和土壤水的动力机制与时空分布状态发生改变，从而对流域水循环过程产生广泛而深远的影响，引起水资源在时间和空间上的重新分配（DeFries et al.，2004），科学认识水文循环要素对植被变化的响应对水土保持生态工程建设具有重要指导意义。

　　在气候与植被变化等因素的影响下，观测到的全球蒸发与径流等要素发生了显著的趋势性变化（Lins et al.，1999；Lawrimore et al.，2000；Liu et al.，2004；张建云 等，2007）。研究气候、植被与水文过程的相互影响业已成为国际社会的前沿科学问题（Stahl et al.，2010）。科学揭示水文过程对气候与植被变化的响应，模拟气候与植被变化耦合条件下的水文过程，是深入认识水文科学规律，提高变化环境下水文过程的模拟能力，进行流域科学管理等方面所亟待解决的科学问题。研究成果不仅对于保障未来的水资源安全具有重要的科学价值和实际意义，而且可在某种程度上推动水文学、气候学、生态学和遥感科学等多学科的交叉融合及发展。

# 1.2　国内外研究现状

## 1.2.1　流域下垫面变化及其驱动因素

　　积雪是冰冻圈的重要组成部分，具有高反射率、高相变潜热、低热传导等属性特点，其积累与消融对地表辐射平衡、能量循环和水资源分配等具有重要影响，在全球和区域气候系统中起着重要的调节作用（杨林 等，2019；史晋森 等，2014）。同时，积雪对气候变化敏感，全球变暖使得北半球的积雪面积正呈现下降态势（Choi et al.，2010；王宁练 等，2015）。积雪变化引起的水文效应、气候效应和灾害效应引起了学界广泛的关注（沈永平 等，2013；杨建平 等，2019），监测积雪变化并探讨其原因对研究全球水循环、气候变化有着极为重要的意义。已有研究表明，1992—2010年间中国三大主要积雪区（青藏高原、新疆北部和东北—内蒙古地区）积雪日数都有显著下降趋势（钟镇涛 等，2018），其中内蒙古地区积雪变化差异性显著，呈现自东北向西南方向逐步减少趋势（Han et al.，2014），春季、冬季积雪覆盖率均与冬季降水量呈显著正相关，各季节积雪覆盖率基本与温度呈负相关关系（孙晓瑞 等，2019）。由气候变暖引起新疆北部积雪为主补给的河流最大径流前移，夏季径流明显减少，如北疆克兰河最大径流由6月提前到5月（沈永平 等，2007）。向燕芸等（2018）研究天山开都河流域积雪及径流变化特征发现，融雪期在春季提前了约10.35d，而秋季延迟了约7.56d；温度对春季积雪变化影响较大，而降水则对冬季积雪变化影响较大。

　　青藏高原是北半球中低纬度区海拔最高、积雪覆盖最大的地区，既是气候变化的敏感区，又对水资源系统产生重要影响。青藏高原1980—2018年积雪覆盖率呈下降趋势，尤其在2000年以后，积雪覆盖天数和雪深明显减少（车涛 等，2019）。青藏高原东部的积雪变化最为显著（Vernekar et al.，2015），而江河源区恰好位于青藏高原东部，该区域积雪态势主导了整个青藏高原积雪的变化，具有极好的代表性。杨建平等（2006）分析了长江黄河源区1970—1999年积雪空间分布与年代际变化；吕爱锋等（2009）利用流量质心时间表示融雪径流开始时间，分析了三江源融雪径流时间变化特征。刘晓娇等（2020）基于气象台站逐日雪深资料，研究黄河源区积雪特征值变化趋势，发现总体上呈现积雪初日推迟、终日提前、积雪期缩短和积雪日数减少趋势。黄河源区内分布高山、盆地、峡谷、湖泊和沼泽等地貌，地势西高东低，分析积雪变化及其影响因素的时空特征更具有意义，但已有关于积雪变化归因分析的研究多在站点尺度或者流域面均尺度上分析积雪特征值（如积雪天数和年均雪深）的变化及其与降水、气温的相关关系（秦艳 等，2018；王慧 等，2019；张晓闻 等，2018），而多年平均积雪特征及演变的空间异质性没有得到很好的考虑。影响积雪变化的原因是多种因素共同作用的结果，气候因子对积雪的影响离不开地形因子的协同作用（郑淑文 等，2019），如处于相同的气候带，地势较低的地方相比于地势高的地方积雪面积减少速度更快。此外积雪变化还受到不同土地覆盖类型的影响，蒋元春等（2020）指出不同区域植被覆盖率对积雪冻土变化的影响具有显著差异。

已有研究表明（Choi et al.，2010；Bai，2018），气温越高，降水量越小，积雪面积越小；反之，气温越低，降水量大，积雪不易融化，积雪面积增大。就年均雪深而言，春秋两季，影响积雪深度的关键性因子是气温，在冬季，降水量是影响雪深的主要因子。如在东北及其邻近地区，1960—2006年期间年均积雪量呈现上升趋势，全年积雪的增多主要由冬季积雪增加而引起（陈光宇，2011）；沈鎏澄等（2019）研究青藏高原中东部积雪变化原因时，同样发现在不同季节雪深的气象要素成因上，冬季（气温较低）积雪变化由降水主导，其余季节由气温主导；在新疆北部和天山山区，气温对积雪初日、终日和积雪期长度的影响大于降水，该区域春季、秋季气温增暖是造成其积雪期减少、积雪初日显著推迟、积雪终日略提早的主要原因。综合来看，在我国三大主要积雪区，积雪特征都在某种程度上受气温和降水要素演变的影响，且影响方式具有一定的相似性。而在高寒山区，海拔也是影响积雪分布的主要因素，随着海拔升高，雪深分布明显变化，最大雪深随海拔的增加而增加（王金叶 等，2001）。综上而言，气候变化导致区域水热条件变化，进而改变积雪分布和特征值。气温较低情况下，如冬季平均气温低于春秋两季，高海拔地区的多年平均气温低于低海拔地区，此时降水量是影响积雪的主要因素；而当降水量的时空差异不显著时，则气温是影响积雪的主导因素。此外，积雪变化所带来的水文效应和灾害效应是重点关注的研究领域，融雪径流作为高寒区流域径流的重要组成成分，对区域水平衡以及4—5月积雪融化导致的春季洪涝（Yuan et al.，2018）及次生灾害等有着重要影响。因此，提升积雪变化及其水文生态效应的认识水平对区域水资源管理、生态环境保护具有重要的实际意义。

植被是下垫面的重要组成部分，是水循环和碳循环的重要纽带。作为具有生命属性的地球系统要素，植被对周围的环境有灵敏反馈而产生动态特性。这种动态既是环境要素驱动的结果，又反作用于环境要素（包括水文循环）。因此植被动态是地学、生态学领域的重要研究对象，而植被动态的观测亦提供了生态环境演变及相关效应研究的重要基础数据。

卫星遥感为大范围长时间的植被数据获取提供了可能，是揭示区域植被动态演变特性的有力工具（Tucker et al.，2005；王希群 等，2005；Peng et al.，2012；Nemani et al.，2003）。利用长时序、大范围的遥感植被数据，很多学者对区域乃至全球的植被动态进行了分析，全面深入地揭示了其演变格局（Jong et al.，2012）。从全球范围来看，1980 年以来植被变化总体趋于正向，超过半数陆地区域的植被呈现增长趋势（Myneni et al.，1997；Zhu et al.，2016；Kong et al.，2017；Li et al.，2019），在北极圈苔原地带（Reichle et al.，2018）、欧洲中东部、非洲萨赫勒和刚果雨林（Li et al.，2019）、南亚（Wang et al.，2017）、中国北方（孟晗 等，2019）等地区表现尤为显著。此外，在北美亚寒带森林（Parent et al.，2010）、澳大利亚内陆、南美温带草原（Texeira et al.，2015）则呈现了下降趋势。总体来看，植被增加或减少区域多占据相对特定的地理区域，反映了变化的地带性，但在较小尺度上，增加和减少区域又可呈现交错镶嵌之势（Li et al.，2019），说明其变化亦受到其他因素的扰动影响，存在一定不确定性。植被动态变化不仅表现在年际水平上，同样反映在物候过程上，Garonna 等（2016）的研究指出，1982—2012 年间全球植被生长期每年平均增加 0.22～0.34d，其中生长起始日期提前 0.02～0.08d。以生长期延长为主要特征的物候变化在北半球中高纬度及高海拔地带表现得格外明显，如北极地区的苔原植被"变绿"很大程度上来自于生长期延长（Arndt et al.，2019）。

植被动态的时空多尺度变化特性与环境因子的紧密交互，既包括气候因子的中长期影响，又有自然及人为环境事件的扰动。研究植被动态变化背后的驱动因素，则有助于进一步认识植被变化对环境因子的响应机理并更精确地预测特定环境情景的植被趋势。

气候因素尤其是降水和温度不仅决定了植被群落的地带性分布，而且对植被生产力及物候过程产生了深远影响，是植被动态性的主导自然因素。植被会随着水热条件进行适应。一般说来，温度升高可增强光合作用、加速释放土壤养分，而降水增加亦有利于光合作用、促进土壤养分的运移；另一方面，温度和降水的增加超过一定阈值，反而抑制植被生长。地球上不同地理区域为植被生长提供了不同的水热条件组合，因此植被动态对气候要素的响应具有显著的空间异质性，常表现为对某一要素的显著响应性特征。如在炎热或干旱地区，如撒哈拉以南非洲稀树草原（Kahiu et al.，2018）、南亚（Wang et al.，2017）、澳洲大陆（Liu et al.，2017；Tesemma et al.，2014）、蒙古高原和中国西北内陆河流域等地区，植被生产力与降水呈显著正相关关系；而在寒带以及温带湿润地区，如青藏高原、黑龙江流域（Chu et al.，2019）、南美亚南极森林（Olivares-Contreras et al.，2019）等，植被生长状况则受温度的影响显著。因此，在研究植被与气候因子的关系时，需考虑研究区域的气候条件，从植被受气候要素影响的机理出发结合资料分析，探析二者之间的关系。

气候因素对植被的影响在季节上呈现出差异性。丹利和谢明（2008）研究了贵州地区叶面积指数（$LAI$）与气候因子的相关关系，发现 $LAI$ 与降水的关系在冬春季节相对明显，而与气温的关系则在夏秋季节更明显，原因应是夏秋季节降水量很大，过多的降水使得植被缺乏光照，对其生长反而起到抑制作用，而由于贵州大部分地区位处云贵高原，海拔较高，夏季气温普遍不高，因此温度对植被生长具有正反馈作用。Chu 等（2019）对黑龙江流域的归一化植被指数（$NDVI$）研究发现，各植被类型的 $NDVI$ 与温度的相关关系在春季显著大于其他季节。

全球变暖背景下，$CO_2$ 浓度显著增加已为不争事实，由于社会经济发展的惯性，未来 $CO_2$ 会维持较长时间的增加。$CO_2$ 浓度升高对植被的影响是不容忽视的因素。$CO_2$ 浓度升高对植被的影响主要有两个方面（Lemordant et al.，2018）：一方面，叶片气孔导度减小（Medlyn et al.，2001），使得植被蒸腾作用受到抑制，减小了单位叶面积上的植被蒸腾量；另一方面，由于 $CO_2$ 本身是植物进行光合作用所需要的原料，因此 $CO_2$ 浓度的增加具有催肥作用（Li et al.，2018），促进了植被生长、增加植被生物量，由此增加了蒸腾面积，这种效应平衡了气孔导度减小对蒸发的抑制作用。$CO_2$ 不像降水或气温那样在较短时间内对植被有明显影响，但其增长持续发生，因此从长远看，它对植被的影响是整体性的。相关研究（Zhu et al.，2016；Schimel et al.，2015；Zhao et al.，2020）指出，全球植被变绿的各项驱动因素中，$CO_2$ 的催肥效应可占到 60%～70%。

除了随自然气候波动的影响，环境扰动事件也会不同程度地影响植被动态，这包括偶发性的自然扰动事件如干旱（Goulden et al.，2019）、病虫害（Davis et al.，2017）、森林大火等（Leon et al.，2012）；也包括持续性的人为扰动事件，如植树造林（赵安周 等，2017）或伐林开垦（Austin et al.，2019）等。环境扰动会在较短时间内显著改变植被状态，也改变生态循环系统的平衡状态，造成一系列自然要素的显著变化。因此，未来植被状态的变化需要结合气候自然变化和环境扰动综合考虑。

## 1.2.2  气候变化对流域水文的影响

与 1850—1900 年这一历史阶段相比，2009—2018 年间，全球平均气温上升了 1.10℃（0.95～1.17℃），气温已经比工业化前升高了 1.5℃。从区域升温空间异质性来看，1920—2015 年间，全球旱区的地表升温幅度（1.2～1.3℃）超过了湿润区的升温幅度（0.8～1.0℃）（Huang et al.，2017）。在全球气候变化的影响下，全球及区域水循环要素（如降水量、蒸散发、土壤水、径流等）的分布格局亦发生了显著变化。

自 20 世纪初以来，北半球大部分中高纬度地区年降水量有所增加，但热带和亚热带地区的年降水量却有所下降（Gu and Adler，2015；Kumar et al.，2013；Adler et al.，2017)。在世界大部分地区，强降水事件发生的强度和频率越来越高 (Hoegh-Guldberg et al.，2018; Myhre et al.，2019; Dunn et al.，2020)。对于未来降水预估而言，AR5 和 SR1.5 报告指出全球年降水量预计将随着全球变暖而增加 (Collins et al.，2013; Hoegh-Guldberg et al.，2018)。AR5 报告还指出，随着温度升高，干旱地区和湿润地区之间的年降水量差异以及湿季和干季的降水量之间的差异在全球大部分地区均会增加 (Collins et al.，2013)。基于 11 个 CMIP6 模型，在 SSP1-RCP2.6 情景下，全球年降水量预计增加 3.4%±2.7%，在 SSP5-RCP8.5 情景下预计增加 8.5%±7.1%。对于强降水而言，AR5 报告估计中高纬度地区和北半球湿润热带地区可能会增加 (Hartmann，2013)。SR 1.5 报告 (Hoegh-Guldberg et al.，2018) 预估强降雨频率、强度和降水量增加的地区多于减小的地区。

自 1982 年以来，全球年蒸散量 (ET) 有所增加，在 20 世纪 90 年代后期暂停 (Hartmann，2013; Zhang et al.，2016; Mao et al.，2015)，2008 年恢复。1998—2008 年的停顿部分归因于包括 ENSO 在内的气候变化，尽管土壤水分限制可能仍然起着作用。在干旱和半干旱地区，ET 变化趋势与降水变化趋势一致。但是在热带植被茂密的地区 (如西部亚马逊地区)，由于植物气孔对 $CO_2$ 浓度升高的反应导致 ET 降低 (Zeng et al.，2018)。土地覆盖和灌溉的变化也会改变区域 ET 状况 (Bosmans et al.，2017)。ET 的气候变化和土地利用驱动引起的变化需要在同一模型框架内进行综合考虑。

土壤湿度变化取决于降水和蒸散发的相对平衡变化。从全球平均来看，土壤湿度略有下降; 从区域上来看，土壤湿度既有增加也有减少，主要是因为所采用的数据集不同而存在结论分歧 (Feng and Zhang，2015)。ESA CCI 土壤水产品分析显示，1979—2013 年间，土壤湿度增加的地区约占全球陆地的 7% (包括亚马逊地区、萨赫勒地区、亚洲东北部、北美的部分地区)，而土壤湿度降低的地区约占 22% (包括北欧大部分地区、加拿大北部、中亚大部分地区、撒哈拉沙漠以南、澳大利亚西部地区和南美北部近沿海地区)。ERA 分析数据 (1979—2017 年) 表明，全球干旱趋势占主导地位，68% 的土地呈现出干旱趋势，32% 的土地呈现出湿润趋势 (Deng et al.，2020)。土壤湿度降低主要因于温度升高，而土壤湿度升高主要归因于降水和植被变化。

气温升高增加了西亚、中亚和南亚干旱和半干旱地区的干旱风险，同时，增大了南亚、东南亚和东亚季风区的洪水风险以及兴都库什—喜马拉雅山区域的冰川融化。1950—2000 年间，全球冰川融化速度加快了 1.5~2 倍，导致了融雪洪水发生时间提前，融雪洪水的频率及强度亦随之发生变化 (Zemp et al.，2019)。1998—2007 年间，青藏高原南部的冰川融水有所增加，到 2050 年将进一步增加。2003—2014 年期间，融雪水贡献了中国新疆干旱地区河流径流变化的 19% (Bai et al.，2018) 和雅鲁藏布江上游径流变化的 10.6% (Chen et al.，2017)。

AR5 报告 (Jimenez Cisneros et al.，2014) 和 SR1.5 报告 (Hoegh-Guldberg et al.，2018）显示，年径流历史变化趋势通常与近几十年来观测到的区域降水的变化一致。全球变暖已经导致全球范围内大流量洪水的频繁发生，而在区域范围内，这种影响的证据越来越多（Blöschl et al.，2017；Rets et al.，2018）。

Berghuijs 等（2017）研究表明，约83%的全球陆地网格单元径流对降水趋势最为敏感，而其他因素（如$CO_2^-$植被反馈、土地利用变化等）占主导地位的区域几乎仅限于干旱地区，例如中东、北非以及澳大利亚的干旱区。众多研究指出，在北欧（如芬兰）、北美洲（如加拿大的不列颠哥伦比亚省）和西伯利亚的几个极地区域，冬季径流量增加主要是由于冬季降水增多和气温升高引起的（Irannezhad et al.，2015；Irannezhad et al.，2016；Brahney et al.，2017；Rets et al.，2018）。在1960—2010年期间，欧洲的洪水发生时间也发生了显著变化，其中，欧洲东北地区出现了较早的春季融雪洪水，西部地区出现了较早的冬季洪水，北海周围也出现了冬季洪水（Blöschl et al.，2017）。

据全球1979—2001年径流观测资料分析、北美洲、南美洲、大洋洲、非洲和亚洲的径流显著减少，而欧洲的径流则有所增加（Asadieh et al.，2016）。更长的全球径流观测序列（1948—2012年）显示，全球200条大型河流中只有55条具有统计学上的显著变化趋势，其中26条显著减少，29条显著增加（Dai，2016）。对次大陆的分析结果显示，非洲中西部、亚洲东部、欧洲南部、北美洲西部和澳大利亚东部的径流呈下降趋势，而亚洲北部、欧洲北部及北美洲北部和东部的径流呈上升趋势（Li et al.，2020）。基于1950—2015年欧洲观测径流进行分析，结果表明地中海地区的年流量呈减少趋势，而北欧地区的呈增加趋势（Masseroni et al.，2020）。未来径流预测结果显示径流变化趋势与气候模式预测的降水变化一致，但由于人类活动在预测模型中的表达有限，故未来径流预测结果仍存在较大的不确定性。

就中国而言，水资源具有南多北少的空间分布特征，未来气候变化将进一步影响我国水资源的时空分布特征，使得区域洪旱灾害更为突出（Wang et al.，2013）。

黄淮海地区水资源紧缺现象严重，预估在RCP2.6情景下该区域2021—2050年的水资源总量相对基准期（1961—1990年）将减少1.3%，其中河南、河北、山东和江苏北部的水资源减少，黄河中上游和淮河上游水资源略有增加；在RCP8.5情景下，黄淮海地区的水资源量平均将减少2.3%，减少区域集中在淮河流域、海河流域的中南部和黄河流域的中下游（Wang et al.，2015）。

长江流域和珠江流域水资源相对充沛。研究表明，长江上游流域21世纪年均流量、季节和日最大流量相对基准期（1981—2010年）均将有不同程度的增加；长江干流水文站（寸滩、宜昌和大通）的未来年均径流量也可能略有增加（Su et al.，2018）。在RCP2.6、RCP4.5、RCP8.5三种情景下珠江流域大部分地区干旱的严重程度和变异性预计增加，尤其是流域的中西部，干旱趋势明显；在季节性尺度上，珠江流域大部分地区夏季干旱严重程度将可能增加，但干旱严重程度增幅最大的在冬季（Wang et al.，2018）。

从全国十大水区（13 个水文站）未来水资源预估结果来看，干旱半干旱地区水资源对气候变化的响应较湿润半湿润地区更敏感。预计到 2011—2050 年中国大部分地区地表水资源将减少，尤其是海河流域和长江流域中部。中国北方地表水资源将减少12%~13%（Yuan et al.，2016）。

应该说明的是，未来气候变化对水资源的影响评估存在较多的不确定性，主要体现在数据输入、气候模式、降尺度方法、评估模型等方面。为更好地评估结果的不确定性，推荐使用集合或多模型概率方法（Kundzewicz et al.，2018）。

## 1.2.3 下垫面变化的流域水文效应

在气候变化和人类活动的双重影响下，下垫面发生了显著变化，包括植被变化、城镇化等土地利用或土地覆盖变化。在全球变化的大背景下，下垫面变化已经对水文过程产生了很大的影响，得到了国内外众多学者的关注。

下垫面变化对水文的影响包括水量和水质的变化。在水量方面，下垫面变化与近地表的蒸散发、截留、填洼、下渗等水文要素及其产汇流过程密切相关。下垫面变化主要影响流域的蒸散发机制、土地覆盖的类型以及地表径流产生的初始条件，进而对流域的水文过程产生影响（Lambin et al.，2002）。在流域尺度上，土地利用变化对水文过程影响的结果，可直接导致水资源供需关系发生变化，间接对流域生态环境以及经济发展等造成影响（韩丽，2007）。因此，认识和掌握水文过程对下垫面变化的响应对于流域水资源规划管理及生态环境保护具有重要的指导意义。

土地覆盖变化在流域尺度上的水文效应研究方法主要有 3 类：试验流域法、水文特征参数法和流域水文模型模拟法。早期研究多采用试验流域法（Vorosmarty et al.，2000），包括单独流域法、平行流域法、控制流域法等。单独流域法指在不同植被覆盖下，研究同一流域某些水文要素的变化。刘卉芳等（2005）利用布设在山西省吉县蔡家川流域的 10 个径流小区资料，分析了不同土地利用覆被方式对产流产沙的影响。单独流域法可以量化植被变化带来的影响，但是仍不能排除气候变化的影响。平行流域法是指选取两个植被类型不同但其他方面都相似的小流域进行对比。如英国 Plynllmon 和 Balquhidder 集水区实验（Johnson et al.，2007）。王强等（2019）通过中国东部长江三角洲鄞东南与鄞西地区两个试验流域开展研究，揭示了不同土地利用和不同城镇化水平下水文要素分布及响应规律。结果表明，城镇化率较高的流域洪峰滞时和水位涨幅都较高，且不同土地利用类型下土壤含水率对降雨的响应存在一定的差异。控制流域法指选取条件相似的相邻流域，采用同样的方法平行观测，保持其中一个流域不变，对其余流域进行实验处理。如 Harrlod（1960）、Triplett 等（1964）和Ricca 等（1970）在美国俄亥俄州进行的研究；John（1996）利用条件相似的成对小流域实验，对比分析了农作物收获对于年产流量的影响；Schreider（2002）对比澳大利亚 12 个小流域分析了河流径流对水坝修建的响应。此种方法的优点在于能够排除地表植被以外的因子的影响，如气候因子的影响，因为由气候变化造成的影响可以通过比较两个流域在植被变化前后的输出水量来确定。但是试验流域法有一定的局限性：首先，该类研究通常在小流域进行，研究周期长，可对比性差；其次，找两个地理和气象条件完全相同的流域是不可能的，即使是同一个流域前后对比的两个标准期内，流域的各种条件也不会完全相同，各项指标测量方法的可靠性以及测量精度都有可能影响最终的结论。

鉴于试验流域法的局限性，学者们尝试采用水文特征参数法研究下垫面变化的水文效应，该方法是从特征参数的变化趋势上进行评估，常用的特征参数如径流系数不仅反映流域产流能力，而且也反映了下垫面对降水-径流关系的影响（张蕾娜 等，2004；Conway，2001；王礼先等，2001）。此外，还有年径流变差系数、径流年内分配不均匀系数等。此外，洪水过程的变化也反映了不同土地利用与植被变化的径流响应，因此，洪峰流量、洪量、峰现时间等也是重要的水文特征参数指标。这种方法计算相对简单，主要依赖数理统计方法对长时序的水文特征参数进行统计分析，也正因为方法的限制，无法揭示水文响应的物理机制。

20 世纪 70 年代以来，土地利用及土地覆被变化的水文响应研究由传统的统计分析方法转向水文模型方法。Onstad 和 Jamieson（1970）于 1970 年最先尝试运用水文模型预测土地利用变化对径流的影响。水文模型种类很多，大致分为经验模型、集总式模型和分布式模型。经验模型的计算过程无明确的物理机制，在土地利用及覆被变化水文效应研究中应用相对较少。集总式模型适用于土地利用及覆被类型比较单一的小尺度流域。但该模型将整个流域作为一个单元，不能处理不同土地利用类型和水文过程的区域差异以及流域参数的变化性。基于物理机制的分布式（或半分布式）模型能明确地反映出空间变异性，在解释和预测土地利用变化的影响上有着重要的应用，常用的分布式/半分布式模型包括 SWAT、VIC、HEC、TOPMODEL 等。

随着水文模型的发展，国内外学者围绕土地利用/土地覆盖变化的水文效应问题利用水文模型法开展了大量研究。巨鑫慧等（2020）利用 L-THIA 模型模拟了京津冀城市群在不透水面积增加的情况下的水文效应，地表径流在 1980—2015 年增加了11.8%。陈利群等（2007）采用 2 个分布式水文模型（SWAT 和 VIC）分析了 1960—2000 年黄河源区气候变化和土地覆被对径流的影响，结果表明土地利用变化的影响为6%~16%。Weber 等（2001）开发和改进了农业经济模拟模型、生态模型 ELLA 和水文模型 SWAT，研究了德国中部的 Aar 流域土地利用变化对景观结构和功能的影响；结果表明，受土地利用变化的影响，流域河流及地表径流量增加。王根绪等（2005）基于降水、径流各参量的变化趋势研究了马营河流域气候变化和土地利用变化对径流过程的影响。结果表明，流域土地利用类型变化尤其是上游林地、草地大规模转变为耕地会使流域年径流量、基流量和最大洪峰流量同步减少。Nostetto等（2005）利用 SWAT 模型研究了土地利用/覆被变化对南半球水循环过程的影响，发现土地利用变化是影响水循环的重要因子。Gebremical 等（2013）基于 SWAT 模型对埃塞俄比亚高原的研究发现，土地利用变化对水文响应有较大影响，是导致青尼罗河径流量显著增加的主要原因。Sajikumar 等（2015）基于 ArcGIS 软件和 SWAT 模型评估了土地利用和土地覆盖变化对印度喀拉拉邦流域径流的影响，发现土地覆盖和土地利用变化在很大程度上影响径流的年代和季节变化特征。吴森等（2018）基于 ArcGIS 软件分析了不同时期的土地利用空间转移规律，并结合 SWAT 模型定量研究了潢川流域径流对土地利用变化的响应。结果发现，水田面积增大使水面蒸散发增加；林地面积增多使径流汇集速度降低、蒸发增加，导致研究区年径流深明显减小。

水文模型方法除用于模拟历史时期下垫面变化的水文效应外，还被用于预估未来土地利用/土地覆盖变化情景下的水文影响。孙占东等（2019）利用 SWAT 分布式水文模型分析了土地利用变化情景下的水文效应特征，结果表明，各种情景对蒸散发、地表径流和基流可以产生显著影响，林地增加使基流最高提升 15% 以上，同时可使地表径流减少近 5%，两者对蒸散的改变在 1% 左右，对径流总量影响幅度则只有 0.7% 左右。王钰双等（2020）通过构建适用于闽江流域的 SWAT 分布式水文模型，结合情景设置法，分别模拟研究区内不同土地利用情景下的径流过程，以定量分析土地利用变化对流域径流影响。田晶等（2007）结合全球气候模式和 CA－Markov 模型评估未来气候变化和土地利用变化对径流的共同影响，结果表明未来 LUCC 下的径流响应：在流域尺度上，4 种未来土地利用情景下流域出口的多年平均径流相差较小，变化分别为＋0.06%、＋0.10%、＋0.73% 和＋0.07%。薛宝林等（2020）在山东胶东半岛黄垒河流域构建 SWAT 模型，在此基础上设置 3 类变化情景，定量识别黄垒河流域内气候变化与土地利用变化下的水文响应。窦小东等（2020）基于情景假设分析了不同土地利用/土地覆盖对径流的影响，不同土地利用类型对比情景显示，农业用地、林地、草地对产流的贡献次序分别为：农业用地最强，草地次之，林地最弱。

综合来看，对于下垫面变化的水文效应研究，流域对比试验法适用于较小流域；水文特征法适用于下垫面条件比较均匀、降水量和土地利用空间差异不大的流域；基于物理机制的水文模型法能够比较准确地刻画流域的水文过程，能对水文效应的变化进行机理性的解释。但每种方法都具有其不可避免的缺点，结合利用以上几种方法，如水文模型与统计学方法相结合的方法、模型耦合法、模型对比法等，研究下垫面变化的水文效应将成为未来的一个研究方向（张成凤 等，2019；栗士棋 等，2020）。

## 1.3 科学问题和研究内容

### 1.3.1 科学问题

（1）气候变化驱动下不同下垫面变化的区域水文响应机理。蒸散发、径流和土壤水是表征地球系统水循环过程的重要指标，在描述流域水分动力传输过程中起着关键性的控制作用。以降水和气温等为代表的气候因子是水循环最主要的驱动力，其量级大小和时空分布特征直接控制水文过程中水分运动过程和分布状态。流域下垫面是水文循环的载体和边界,对流域水文循环具有重要影响。其中,植被、冰川、雪盖是陆面的重要组成部分,其结构特征直接影响蒸散发量的大小并制约径流形成和土壤水分运动。气候变化不仅直接影响水文循环过程,而且是流域自然下垫面(冰川、雪盖、植被、冻土等)变化的驱动因子。目前的区域水文响应研究中,忽略了因气候变化导致的下垫面变化对水文过程的作用。科学揭示气候变化-下垫面变化-径流过程之间驱动作用链的传递响应机理是气候与水文科学研究的重要方向和关键科学问题。

(2)气候与植被等下垫面耦合作用下流域水资源变化原因及趋势。河川径流是重要的水资源形式,其丰枯变化直接影响水资源的可持续性利用和水电能源开发。大尺度区域河川径流变化驱动因子复杂多样,科学辨识径流变化的多源动力,定量评估不同驱动因子对径流变化的影响,是进行流域生态保护和治理开发中进行径流可控性驱动因子调整的理论基础。气候变化是目前全球研究的热点,以植被为特征的生态工程建设是中国近阶段及未来一个时期生态改善的重要措施。科学揭示植被在不同尺度流域的水文正负效应及相互转换的阈值条件是区域生态工程建设是否进一步推广的科学依据;因此,科学解析气候与植被等下垫面耦合作用流域水资源变化原因及趋势,是实现区域水资源合理规划和生态环境建设亟待解决的重大科学问题。

## 1.3.2 研究内容

环境变化对不同区域水文过程的影响存在差异,本书以位于干旱半干旱区域的漳河上游、湿润区域的清流河和高寒区域的黄河上游(唐乃亥以上)为研究对象,重点揭示"气候驱动-下垫面变化-水文响应"之间的驱动响应机理,并定量评估未来气候变化下区域水资源情势。具体研究内容包括以下三个方面:

(1)变化环境下流域气候、植被及径流演变特征研究。在全球—中国—典型流域三个尺度上分析气温、降水的演变特征;基于遥感影像解译构建下垫面特征要素序列,分析下垫面要素演变及其与气温、降水之间的响应关系;在此基础上,诊断气候与下垫面变化条件下典型流域径流年代际和年内分配的变化。

(2)变化环境下的水文模拟研究。针对黄河源区积雪明显的特征,基于GR4J模型耦合融雪模块,建立考虑多种水源组成的降水融雪径流模型;基于SWAT模型,构建能够反映植被下垫面变化的PYSWAT模型;充分利用多源数据流信息,构建基于数据挖掘的径流动态模拟模型。

(3)变化环境下水文循环效应与径流趋势。基于水文过程模拟,分析变化环境下水文循环要素(蒸散发、径流组成等)的响应;结合未来气候变化趋势,分析气候变化驱动下植被等下垫面变化,评估二者驱动下流域径流情势。

# 第 2 章　不同气候区典型流域气候要素演变特征

## 2.1　全球及中国气候变化

### 2.1.1　全球气候变化

根据 IPCC - AR6 第一工作组报告，2018 年大气中 $CO_2$ 浓度上升为 $407\times10^{-6}$，较第五次 IPCC - AR5 评估结果上升 $15\times10^{-6}$，较工业革命前（1750 年）升高 $129\times10^{-6}$（IPCC，2021）。2009—2018 年，全球平均气温较 1850—1900 年约升高 1.10℃，其中陆地气温升高幅度约 1.44℃（1.32～1.60℃），明显高于海洋气温的升幅 0.89℃（0.80～0.96℃），如图 2.1 所示。

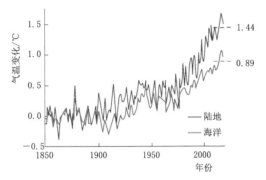

图 2.1　全球陆地和海洋气温演变过程

图 2.1 可以看出，海面气温和陆面气温变化态势总体一致，陆面气温高于海面气温；气温呈现四阶段演变特征，1900 年之前以自然波动为主，1900—1940 年前后呈现缓慢上升趋势，20 世纪 40—70 年代中期气温出现下降趋势，之后气温出现显著的升高趋势。

从 1900—1980 年和 1980—2018 年气温线性变化趋势来看，不同地区气温变化趋势存在明显的差异，在两个时段都存在气温下降趋势的区域；相比而言，1980—2018 年大多数地区的气温升率高于 1900—1980 年的气温升率；在 1980—2018 年间，北半球气温升率明显高于南半球，降温区域主要集中在南半球。

收集了美国国家海洋和大气管理局（National Oceanic and Atmospheric Administration，NOAA）提供的全球尺度 0.5°×0.5°分辨率的降水、地表气温格点数据，采用 Mann - Kendall 方法和重标极差分析法（Rescaled Range Analysis，R/S）分析了年和四个季节气温和降水的变化趋势及可持续性。四个季节分布定义为：①12 月至次年 2 月为北半球冬季；②3—5 月为北半球春季；③6—8 月为北半球夏季；④9—11 月为北半球秋季。

Mann-Kendall（MK）检验方法是用于分析数据序列随时间的变化趋势的一种非参数的统计检验方法。水文气象数据是随机且非正态分布的，而该方法不需数据服从特定的分布，同时检验范围较宽，因此该方法在水文气象要素的趋势性检验中应用广泛。对于给定的置信水平 $\alpha$，当 $|Z|>Z_{1-\alpha/2}$ 时，拒绝原假设，即在置信水平 $\alpha$ 上，该时间序列具有显著性 $\alpha$ 的变化趋势。当 $1.96<|Z|\leqslant2.58$ 时，表明序列在 0.05 的置信水平上具有显著的变化趋势；当 $|Z|>2.58$ 时表明序列在 0.01 的置信水平上具有显著的变化趋势。

Hurst 指数能定量描述时间序列的长程依赖性，在 MK 检验的基础上，常采用 R/S 方法计算序列的 Hurst 指数。R/S 法是一种非线性的科学预测方法，对正态分布和非正态分布的序列都有很好的适用性。Hurst 指数的范围为 0~1，当 $H>0.5$ 时，表明序列未来的趋势与过去是一致的，且 $H$ 越接近于 1，趋势的持续性越强；当 $H<0.5$ 时，表明未来的趋势与过去相反，这一过程具有反持续性，且当 $H$ 越接近于 0，反持续性越强；$H=0.5$ 表明序列未来的趋势与先前的事件没有关系。

由 1948—2018 年全球年、季降水量及其变化趋势的分布可以看出：

（1）除受到大地形区如高原、沙漠等影响外，全球大部分地区的降水量分布具有典型的随纬度分布的特征。全球年平均降水量的最大值分布在赤道附近，最大超过 9000mm/a，最小值分布于非洲北部撒哈拉沙漠、中东半岛及澳大利亚西部沿海等典型干燥地区，多年平均年降水量接近于 0。同时降水量的空间分布并不完全与纬度带相匹配，赤道穿过的地区，非洲西部的降水量明显大于非洲东部，南美洲西北部降水量明显大于东北部；中印边界喜马拉雅山南麓是区域降水量分布的高值区；美国东部降水量大于西部等。

（2）在季节上，单季降水量最大值出现在 6—8 月，即北半球夏季，最大值接近 4860mm/季。降水量的全球分布具有明显的季节特征，北半球大多数地区降水集中在 3—5 月和 6—8 月两季，南半球大多数地区降水集中在 9—11 月和 12 月至次年 2 月两季。

（3）从变化趋势来看，全球绝大多数地区降水量的变化呈现出非显著性上升（$0<Z<1.96$，40.2%）和非显著性下降（$-1.96<Z<0$，32.5%）的趋势，呈现下降趋势的地区主要分布在非洲、亚洲中部、亚马逊雨林中部及澳大利亚东部沿海地区等低纬度地区，其中几内亚湾地区、中东半岛在全年及各季节上均呈现出显著的下降趋势；亚欧大陆北部、格陵兰岛地区等中高纬度地区呈现出显著性的上升趋势。在季节上，除亚欧大陆北部地区在夏季（6—8 月）的上升趋势明显弱于其他三个季节外，各地区降水量的变化趋势的季节特征不明显。全球大部分地区降水量的 Hurst 指数大于 0.5，特别是变化趋势呈现出显著性上升和下降的地区，Hurst 指数大于 0.7 甚至接近于 1，表明降水在这些地区的增加或减少是持续的。

由全球年、季气温及其变化趋势的分布可以看出：

（1）气温在全球的空间分布与降水大致相同，均呈现出较为明显的随纬度和季节的变化趋势，但气温受地形的影响相对更大，如青藏高原的年、季气温均明显低于周边地区同期气温。南美洲西部智利等国家地区受安第斯山脉的影响，气温亦明显低于同纬度其他地区。

（2）就气温演变趋势而言，1948—2016 年间 94.2% 地区的年平均气温有呈现出上升趋势，其中显著上升的区域占比为 87.0%，大多数地区的 Hurst 指数为 0.5～1，表明气温升高的趋势在这些地方可能会持续下去。在个别高纬度地区如俄罗斯北部 Hurst 指数低于 0.5，表明这些地区未来温度的变化趋势不依赖或弱依赖于以前的温度值。

（3）从季节来看，各季节的温度均有显著的上升趋势，北非、中东半岛部分地区在 12 月至次年 2 月出现显著的下降趋势，俄罗斯西北部、美国大部分地区在 12 月至次年 2 月也呈现出不显著的上升趋势，但该地区的 Hurst 指数为 0.5 左右，表明该地区气温的波动性较强。除此之外，中亚地区、格陵兰岛西南部在 6—8 月也呈现出显著性的下降趋势，且该地区 Hurst 指数较高，表明北半球小部分地区夏季气温的下降趋势显著且持续。分地区来看，日本、印度尼西亚、英国、古巴等岛国的气温上升趋势最为明显且持续，深居内陆的国家气温上升趋势相对较小。

## 2.1.2　全球六大洲区域气温及降水的演变

基于 NOAA 全球再分析 0.5° 格点气温、降水资料，统计分析了全球六大洲（亚洲、欧洲、大洋洲、非洲、南美洲和北美洲）气温和降水的演变趋势，如图 2.2 和图 2.3 所示。

由图 2.2 和图 2.3 可以看出：

（1）从全球尺度上看，降水量、气温两者的变化趋势是一致的，均呈上升趋势，而降水变化又体现出一种较为明显的波动性变化特征。全球气温在 1948—2018 年变化的平均趋势率为 0.23℃/10a，其中在 1972 年以前温度一直处于波动状态，1972 年后开始迅速上升，平均上升率达到 0.38℃/10a。

（2）年降水量在各大洲的演变特征并不相同。除非洲外，各大洲 1948—2016 年的降水序列均显示出了上升趋势，其中平均变化率最高的为欧洲，达到 8.6mm/10a，最低为南美洲，仅有 1.1mm/10a，低于全球降水量的平均变化率，且南美洲的降水量虽总体上呈现上升趋势，但是在年代分布上可以看出三个明显的下降阶段，分别为 1950—1958 年、1972—1984 年、1990—2014 年，下降阶段的平均变化率最高约为 38.4mm/10a。大洋洲的年降水量表现出最明显的波动上升趋势。

（3）各大洲的气温均显示出了较为明显的上升趋势，平均上升率最为明显的为美洲，达到 0.3℃/10a。20 世纪 70 年代之后，亚洲、非洲、北美洲与全球气温一样以越来越快的速率上升，欧洲、南美洲与大洋洲以与原来相似的速率继续上升。

统计结果表明：①非洲呈现出显著的下降趋势，其余五大洲呈现出不同显著性的上升趋势，显著上升区域的年平均降水量变化率为 2.8～8.5mm/10a。六大洲年降水量的 Hurst 指数均大于 0.5，表明降水量有持续变化的趋势。②分季节及地区来看，

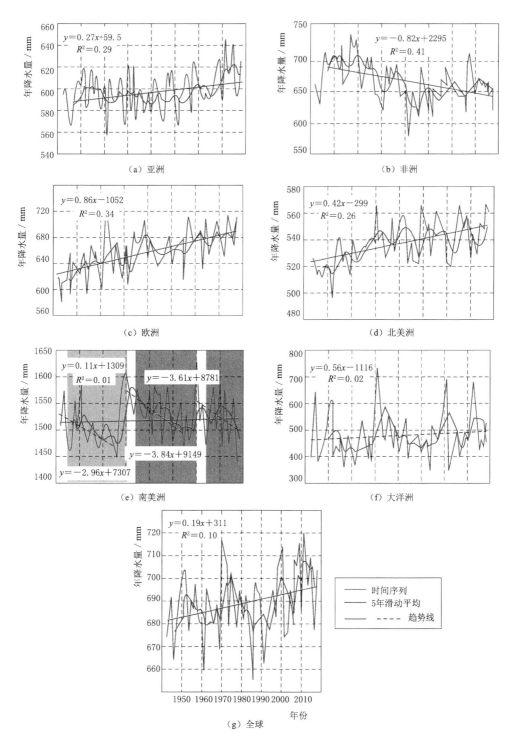

图 2.2   1948—2018 年间全球及六大洲年降水量演变过程

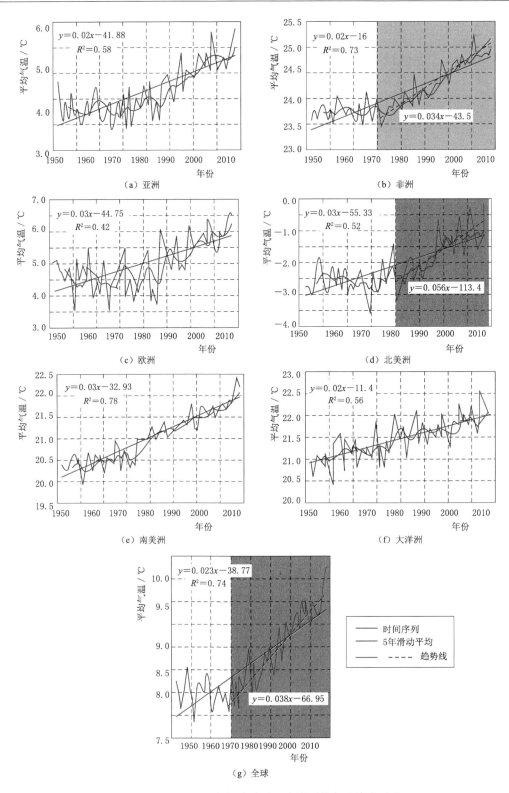

图 2.3　1948—2018 年间全球及六大洲平均气温演变过程

南美洲和大洋洲在全年及四个季节的降水量变化均不显著，非洲、欧洲、北美洲仅有一个季节的变化不显著，亚洲则在6—8月和9—11月两个季节变化不显著。③在全年和12月至次年2月降水量的变化趋势中，非洲是唯一呈现下降趋势的大洲；在3—5月非洲和大洋洲的降水量均呈现下降趋势且非洲的趋势性通过了置信水平为99%的显著性检验，但这两个大洲在3—5月的降水序列的Hurst指数均小于0.5，表示出一些反持久性，表明未来降水量的变化与先前并不一定呈现同样的趋势。亚洲在6—8月的降水序列的MK检验值为−0.317，表示其有不显著的下降趋势，但序列的回归系数大于0，表示序列整体上呈现出微弱的上升趋势，二者出现冲突，表明亚洲在6—8月的降水序列呈现出较为明显的波动趋势。④总体来看，亚洲、欧洲、北美洲三个大部分处于北半球中高纬度的大洲的降水量的增长趋势比较强劲，南美洲及大洋洲的降水量则更多地呈现出微弱上升或波动趋势。

全球各地的年及季节气温均呈现出显著的上升趋势，MK检验值大多通过了置信水平为99%的显著性检验。年平均气温的最大升温率出现在美洲，达到0.27℃/10a，高于全球年气温变化平均速率，非洲和大洋洲的升温率略低于全球气温上升速度；各地气温的Hurst指数均大于0.5，甚至接近于1，表明全球气温仍有较为持续的增长趋势。分季节来看，大多数地区的气温在6—8月和9—11月的上升趋势比在12月至次年2月和3—5月更为显著，北美洲在12月至次年2月的气温序列出现了各大洲季节气温变化趋势率的最大值，达到0.42℃/10a。

## 2.1.3 中国气候变化

根据《第四次气候变化国家评估报告》，百年来全球和中国气候变暖趋势仍在持续，1980年以来，全球增暖速率加大，与此同时中国增暖加速，冬春季更甚。1900—2018年中国陆地百年气温升高趋势为1.3～1.7℃，高于《第三次气候变化国家评估报告》近百年（1909—2011年）平均增温0.9～1.5℃的结论。1960—2019年间，增暖加速达每10年0.27℃，增温幅度高于全球水平。

1901—2019年，中国平均年降水量无明显趋势性变化，但存在显著的20～30年尺度的年代际振荡。1961—2019年，中国平均年降水量呈微弱的增加趋势，且年代际变化特征明显，1980—2000年和2012—2019年以偏多为主，2001—2011年总体偏少（图2.4）。中国东北、西北、东南和西藏大部分年降水量呈现较强的增加趋势，而自东北南部和华北部分地区到西南一带的年降水量呈现减少趋势。近30年西北地区中西部气候出现向暖湿转型，但由于西北地区降水量基数小以及蒸发量增加，干旱气候的格局未发生根本改变。

总体来看，中国气温呈现显著的升高趋势；1961年以来，中国年降水量总体呈非显著性增加，但年际波动较大，2012年以来各年降水量均大于历史平均水平；降水变化趋势具有明显的区域分布差异，尽管西部干旱和半干旱地区近30多年趋于变湿，但其干旱气候格局未发生根本改变。

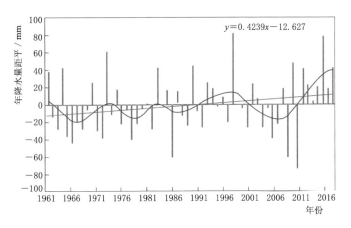

图 2.4　1961—2019 年中国平均年降水量演变趋势
（《第四次气候变化国家评估报告》编写委员会，2022）

根据流域地理位置、水系特征等因素，中国区域划分为十大水区，分别为：松花江流域区（Ⅰ）、辽河流域区（Ⅱ）、海河流域区（Ⅲ）、黄河流域区（Ⅳ）、淮河流域区（Ⅴ）、长江流域区（Ⅵ）、东南诸河区（Ⅶ）、珠江流域区（Ⅷ）、西南诸河区（Ⅸ）和西北诸河区（Ⅹ）。基于全国 0.25°的气象格点资料，分析了中国十大水区 1960—2018 年气温、降水的演变特征（图 2.5 和图 2.6）。表 2.1 给出了十大水区气温及降水演变趋势的统计结果。

表 2.1　　　　　中国十大水区 1960—2018 年气温、降水演变趋势统计结果

| 区域 | Ⅰ | Ⅱ | Ⅲ | Ⅳ | Ⅴ | Ⅵ | Ⅶ | Ⅷ | Ⅸ | Ⅹ | 中国 |
|---|---|---|---|---|---|---|---|---|---|---|---|
| $P-MK$ | −0.416 | −1.775 | −1.366 | −0.957 | −0.561 | 0.046 | 1.736 | 0.257 | −4.151 | 0.997 | −0.35 |
| $P-S$/(mm/a) | −0.0136 | −1.09 | −1.34 | −0.593 | −0.55 | 0.268 | 2.93 | 0.515 | −2.39 | 0.207 | −0.206 |
| $T-MK$ | 4.798 | 4.6 | 5.96 | 6.039 | 5.181 | 5.286 | 5.484 | 4.824 | 3.993 | 5.933 | 6.184 |
| $T-S$/(℃/a) | 0.0293 | 0.025 | 0.031 | 0.0304 | 0.0246 | 0.0204 | 0.0221 | 0.0163 | 0.0151 | 0.0321 | 0.0246 |

注　　$T-MK$ 和 $P-MK$ 分别为气温和降水量序列的 $MK$ 值；$T-S$ 和 $P-S$ 分别为气温和降水量序列的线性倾向率。

由图 2.7 可以看出，所有十大水区气温均呈现显著的升高趋势，相比而言，海河、黄河和西北诸河升温幅度较大，超过 0.3℃/10a；其次为松花江流域区、辽河流域区、升温幅度为 0.25～0.30℃/10a；珠江流域区和西南诸河区升温幅度相比最小，分别为 0.16℃/10a 和 0.15℃/10a。

由图 2.8 可以看出，①中国十大水区中长江及其以南各水区降水量以增加为主，只有西南诸河区降水量呈现减少趋势；②而黄河及其以北各水区中只有西北诸河降水量呈现增加趋势，其余各水区降水量均为减少趋势。统计结果表明，十大水区中，只有西南诸河区降水量呈现显著性减少趋势，线性递减率约为 2.39mm/a，其余各水区降水量均为非显著性变化趋势。

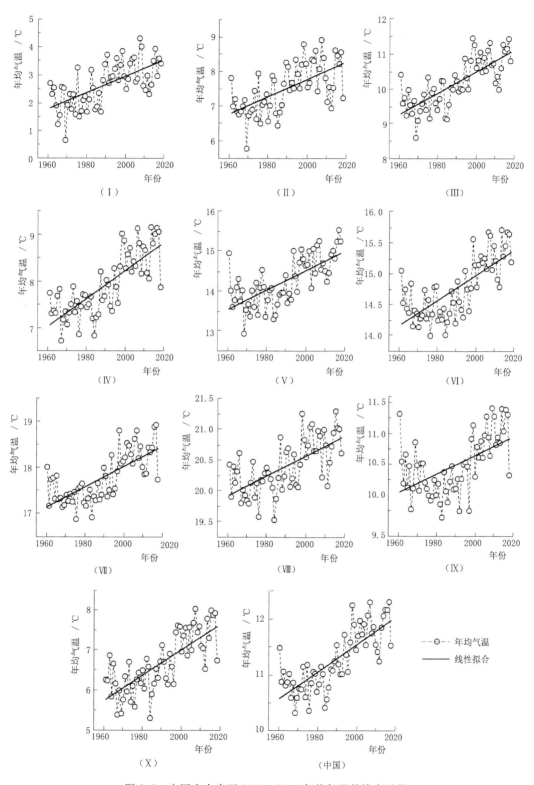

图 2.5  中国十大水区 1960—2018 年均气温的演变过程

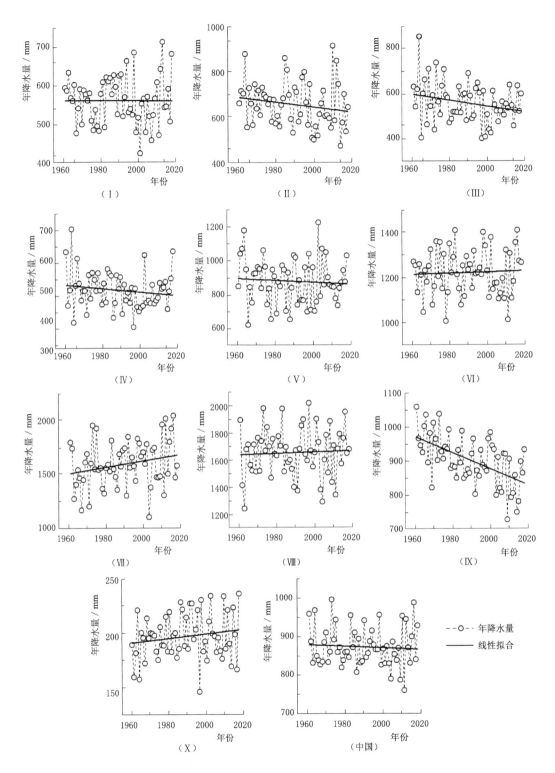

图 2.6 中国十大水区 1960—2018 年降水量的演变过程

## 2.2 漳河流域上游气候要素演变特征

### 2.2.1 漳河流域上游概况

研究流域（图2.7）的地理范围为东经113.34°～113.60°、北纬37.28°～37.60°，行政区划上地跨山西省和顺县和昔阳县，水系属海河支流清漳河上游的清漳东源，其干流发源于昔阳县沾岭山，至流域出口长度约39km；距出口不远处尚有另一条主要支流梁余河汇入，该河发源于和顺县西石猴岭，河长约23.5km。流域面积约450km²，平均海拔约1370m，出口点位于和顺县蔡家庄，海拔约1250m，并在此设有水文站（研究流域简称蔡家庄流域）。

流域气候属半湿润半干旱季风气候，四季分明，雨热同期，多年平均年降水量约540mm，其中6—9月汛期降水量约占全年的60%；多年平均气温约8.3℃，无霜期约130d。流域植被类型包括森林、灌丛、草地、耕地等，比例分

图2.7 研究流域地形、水系及气象、
水文站分布

别为5%、49%、35%和10%，森林主要分布于流域南部和西南部，代表植物为油松、山杨、辽东栎；灌丛广布于流域丘陵山地，代表植物为土庄绣线菊、荆条、沙棘；草地分布于流域北部，代表植物为白羊草、冷蒿；耕地分布于张翼河和梁余河的河谷阶地，主要作物为玉米、小米、荞麦，耕种制度为一年一熟制。

### 2.2.2 漳河流域上游气温、降水演变特征

气温数据来自国家气象信息中心（https：//data.cma.cn），本研究选用了两个数据集：中国地面气候资料日值数据集（V3.0）和中国地面累年值月值数据集。距离研究流域最近，且有连续逐日观测资料的气象站为榆社气象站（区站号53787），故获取了该站的1958—2012年逐日平均气温、最高气温、最低气温数据。由于榆社站的海拔为1041m，与研究流域尚存在一定高差，考虑到第3章的水文模拟需要划分子流域，并输入各子流域的气温资料，因此需要根据气温垂直递减率对流域气温进行相应校正。采用累年值月值数据集中研究流域内或者邻近的榆社、左权、和顺、昔阳四个气象站的1981—2010年多年平均逐月平均气温、最高气温及最低气温，由于各站地理位置较近，纬度差距小，引起气温差异的主要原因就是海拔，因此通过建立海拔与气温的相关关系，并进行相应海拔下气温的推算。各气象站的概况见

表 2.2。

表 2.2　　　　　　　　　　　蔡家庄流域附近气象站概况

| 站名 | 区站号 | 经纬度 | 海拔/m | 资料情况 |
|------|--------|--------|--------|----------|
| 榆社 | 53787 | 112.97°E，37.06°N | 1041 | 逐日值、多年平均月值 |
| 左权 | 53786 | 113.37°E，37.07°N | 1153 | 多年平均月值 |
| 和顺 | 53788 | 113.57°E，37.33°N | 1266 | 多年平均月值 |
| 昔阳 | 53783 | 113.70°E，37.60°N | 876 | 多年平均月值 |

考虑到气温垂直递减率亦受季节的影响，分别对各月的多年平均气温、最高气温、最低气温与海拔建立相关关系，得到垂直递减率计算结果（表 2.3）。可以看出，气温垂直递减率总体为 0.6～0.9℃/100m，夏季的垂直递减率高于冬季。根据各月平均气温、最高气温、最低气温垂直递减率，校正对应月份的榆社站逐日气温，得到相应海拔下的逐日气温系列。

表 2.3　　　　　　　　　　　各月气温的垂直递减率

| 月份 | 平均气温/(℃/100m) | 最高气温/(℃/100m) | 最低气温/(℃/100m) |
|------|-------------------|-------------------|-------------------|
| 1 | −0.64（−0.9918） | −0.25（−0.8070） | −1.01（−0.9830） |
| 2 | −0.61（−0.9575） | −0.42（−0.9128） | −0.87（−0.9510） |
| 3 | −0.67（−0.9670） | −0.57（−0.9563） | −0.81（−0.9697） |
| 4 | −0.83（−0.9924） | −0.68（−0.9652） | −0.96（−0.9941） |
| 5 | −0.85（0.9949） | −0.73（−0.9736） | −0.97（−0.9974） |
| 6 | −0.84（−0.9937） | −0.78（−0.9756） | −0.93（−0.9951） |
| 7 | −0.76（−0.9794） | −0.70（−0.9658） | −0.80（−0.9757） |
| 8 | −0.75（−0.9634） | −0.68（−0.9606） | −0.74（−0.9508） |
| 9 | −0.73（−0.9785） | −0.66（−0.9847） | −0.80（−0.9430） |
| 10 | −0.71（−0.9959） | −0.59（−0.9883） | −0.78（−0.9850） |
| 11 | −0.66（−0.9954） | −0.40（−0.9531） | −0.80（−0.9914） |
| 12 | −0.67（−0.9496） | −0.34（−0.8901） | −0.96（−0.9668） |

注　表中括号内数值为气温与海拔的 Pearson 相关系数。

各海拔的逐日气温进行加权平均即得到流域的逐日气温序列。由于最高气温和最低气温是水文循环中蒸散发过程的重要影响要素，因此对这两个要素进行分析，如图 2.8 所示。

由图 2.8 可以看出，蔡家庄流域多年平均最高气温约为 13.6℃，多年平均最低气温约为 −0.6℃。最高气温逐年系列的 MK 趋势分析统计值为 3.397，高于 5% 显著水平临界值，说明 1958—2012 年期间年最高气温呈显著增加趋势。就变化特征而言，

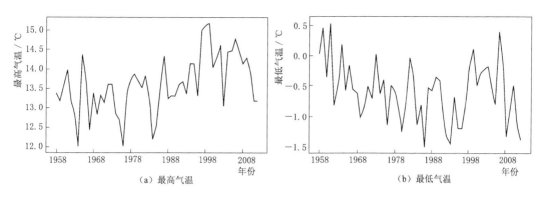

（a）最高气温 （b）最低气温

图 2.8 蔡家庄流域最高、最低气温变化过程

1977 年之前最高气温大致呈波动摇摆，并未出现明显的增加或下降趋势，而 1980 年后，最高气温增幅显著，直到 2005 年前后增加趋势才渐于平缓并略有回落。而最低气温总体呈下降趋势，尤其在 1998 年之前，最低气温下降的 $MK$ 趋势分析统计值可达 $-3.46$。

流域内部共有漳漕、蔡家庄等 6 个雨量站（站点位置见图 2.7），观测的降水资料系列长度为 1958—2012 年，时间步长为日。

图 2.9 给出了流域面平均年降水量过程。由图 2.9 可知，流域降水量年际变幅大，变差系数约为 0.21，丰枯年份常交替出现，年降水量最大值（990mm）为最小值（310mm）的 3 倍以上；就长期变化趋势来看，降水量在 20 世纪 60 年代处于较丰的水平，约 620mm；自 70 年代呈现下降趋势，至 80—90 年代，多数年份降水量都在 500mm 以下；而自 20 世纪末，降水连年明显偏少，但此时又转而显现出一定的增加趋势。滑动 $t$ 检验结果亦表明逐年降水的突变点出现在 1998 年前后，$MK$ 趋势分析结果则显示 1958—1998 年降水变化的 $MK$ 统计值为 $-1.969$，1998 年后则为 $2.375$，都超过 5% 显著水平，其中 1998—2012 年降水增加幅度约为 10mm/a。

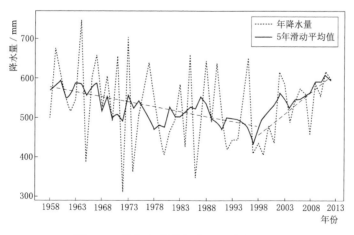

图 2.9 蔡家庄流域年降水量演变过程

23

## 2.2.3　漳河流域上游气温、降水的年内分配特征

图 2.10 和图 2.11 分别给出了多年平均降水和气温的年内分配过程及其变化范围。漳河流域年内降水分配为典型的单峰过程，降水主要集中在 6—9 月，其中 7 月和 8 月平均降水量超过 100mm（图 2.10）。另外，各月降水量的年际变化非常剧烈，在汛期表现格外显著，湿润年份月降水可超过 200mm，而干旱年份则不足 50mm，其中 1963 年 8 月海河流域普降特大暴雨，蔡家庄流域的降水量也达到 483mm，为有记录以来月降水量的最大值，而 1997 年 8 月则出现汛期月降水的最小值，近 13mm。

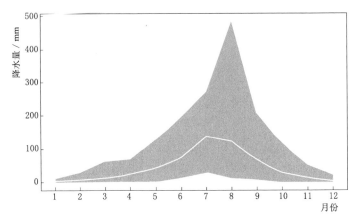

图 2.10　蔡家庄流域降水年内变化（灰色区域为各月最大值和
最小值之间的区域，白线为各月平均值）

年内最高、最低气温的变化都在 7 月达到最高值，分别为 25.4℃和 13.8℃；1 月为最低值，分别为 0℃和－16.6℃（图 2.11）。各月气温虽然在不同年份也有一定波动，但其变化幅度远比降水的要小。

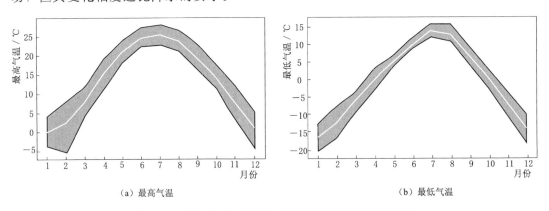

（a）最高气温　　　　　　　　　　　　　　　（b）最低气温

图 2.11　蔡家庄流域最高、最低气温的年内分配过程

就各月最高、最低气温的变化趋势而言（表 2.4），最高气温在各个月份均呈现出增加趋势，幅度各异，较显著的是春季和秋季；而最低气温在多数月份均呈现下降趋势。

| 表 2.4 | | | 1958—2012 年各月最高气温和最低气温变化趋势 *MK* 统计值 | | |
|---|---|---|---|---|---|
| 月份 | 最高气温/℃ | 最低气温/℃ | 月份 | 最高气温/℃ | 最低气温/℃ |
| 1 | 1.51 | −0.183 | 7 | 1.016 | 0.183 |
| 2 | 2.047 | −0.549 | 8 | 0.385 | −0.183 |
| 3 | 1.06 | −1.647 | 9 | 1.445 | −0.915 |
| 4 | 2.86 | −0.183 | 10 | 1.626 | 1.281 |
| 5 | 1.249 | −0.671 | 11 | 2.062 | 0 |
| 6 | 0.632 | 0.427 | 12 | 1.045 | −0.793 |

## 2.3 黄河源区气候要素演变特征

### 2.3.1 黄河源区流域概况

黄河发源于青海省南部的巴颜喀拉山，而巴颜喀拉山脉即是黄河水系和长江水系的分水岭。黄河源区一般是指位于青藏高原东北部的黄河干流唐乃亥水文断面以上的集水流域，地理范围在东经 95.90°～103.42°，北纬 32.16°～36.13°，流域面积为 121973km²，约占整个黄河流域面积的 15%，其空间位置如图 2.12。流域平均海拔在

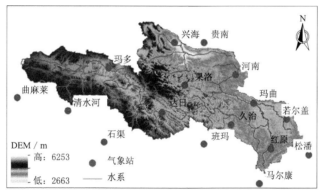

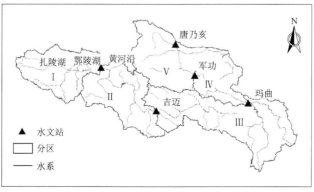

图 2.12　黄河源区位置及流域内地形、水文站和气象站

25

3000m 左右，源头地区高达 4400m 以上。地势西高东低，局部保持四周高中间低的盆域特征，主要分水岭有位于流域西南部西北-东南走向的巴颜喀拉山脉和西北部的布青山。黄河源区流域中部（果洛藏族自治州玛沁县雪山乡境内）的阿尼玛卿山主峰，为流域的最高峰，其海拔超过 6200m，温度低、常年积雪覆盖，发育现代冰川 30 条。流域内地形地貌复杂，地貌单元多样。

依据 2000—2018 年资料统计，黄河源区流域内多年平均年降水量空间分布不均，受地形和季风气流的影响，降水集中在流域东南部地区，该地区地势平坦，属于高原盆地地形，多年平均降水量在 700mm 左右。就空间变化特征而言，多年平均年降水量从东南往西北递减，西部源头区以及流域下游的高山峡谷区的降水相对较少，其多年平均年降水量不超过 500mm 见图 2.13 (a)。流域内年均气温主要受地形和纬度位置影响，上游及源头区海拔多在 4000m 以上，多年平均气温为 -4℃ 左右，此外黄河源区的下游流域边界区多年平均气温不超过 -2℃，流域东南部多年平均气温较高，在 2℃ 以上，该地区水热条件相比研究流域的其他地区较好。

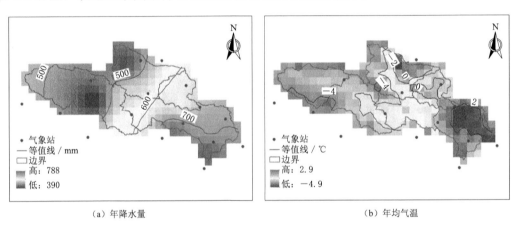

(a) 年降水量　　　　　　　　　　　　　　(b) 年均气温

图 2.13　2000—2018 年黄河源区多年平均年降水量、年均气温空间分布

## 2.3.2　黄河源区气温、降水演变特征

黄河源区内的 8 个国家基本气象站点的年降水量及年均气温年际演变过程如图 2.14 和图 2.15 所示，1960—2018 年和 2000—2018 年两阶段年均气温、年降水量系列的变化率 S 和 MK 值结果分别见表 2.5 和表 2.6。

表 2.5　　黄河源区气象站 1960—2018 年年均气温和年降水量变化趋势

| 气象站 | 年 均 气 温 | | 年 降 水 量 | |
|---|---|---|---|---|
| | $S/(℃/a)$ | $MK$ | $S/(mm/a)$ | $MK$ |
| 兴海 | 0.029 | 6.32 | 0.880 | 1.16 |
| 玛多 | 0.038 | 5.91 | 0.210 | 0.56 |

续表

| 气象站 | 年 均 气 温 | | 年 降 水 量 | |
|---|---|---|---|---|
| | S/(℃/a) | MK | S/(mm/a) | MK |
| 达日 | 0.035 | 6.22 | −0.509 | −0.61 |
| 河南 | 0.041 | 7.10 | −1.559 | −2.05 |
| 久治 | 0.042 | 7.55 | −1.285 | −1.50 |
| 玛曲 | 0.043 | 6.46 | −0.849 | −0.92 |
| 若尔盖 | 0.039 | 7.02 | −0.719 | −0.92 |
| 红原 | 0.027 | 6.00 | 0.138 | 0.04 |

**表 2.6　黄河源区气象站 2000—2018 年年均气温和年降水量变化趋势**

| 气象站 | 年 均 气 温 | | 年 降 水 量 | |
|---|---|---|---|---|
| | S/(℃/a) | MK | S/(mm/a) | MK |
| 兴海 | 0.012 | 0.77 | 6.39 | 1.54 |
| 玛多 | 0.032 | 1.97 | 3.39 | 1.26 |
| 达日 | 0.062 | 2.90 | 4.16 | 1.01 |
| 河南 | 0.056 | 3.04 | 5.25 | 0.70 |
| 久治 | 0.062 | 3.22 | 7.03 | 1.68 |
| 玛曲 | 0.053 | 2.94 | 4.92 | 0.91 |
| 若尔盖 | 0.082 | 4.23 | 5.53 | 1.12 |
| 红原 | 0.058 | 3.36 | 10.29 | 1.75 |

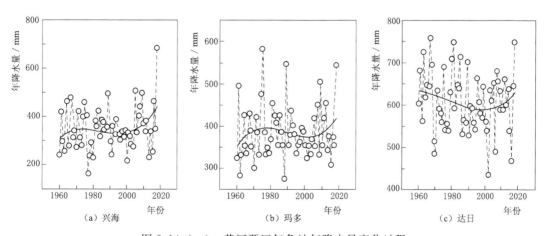

图 2.14（一）　黄河源区气象站年降水量变化过程

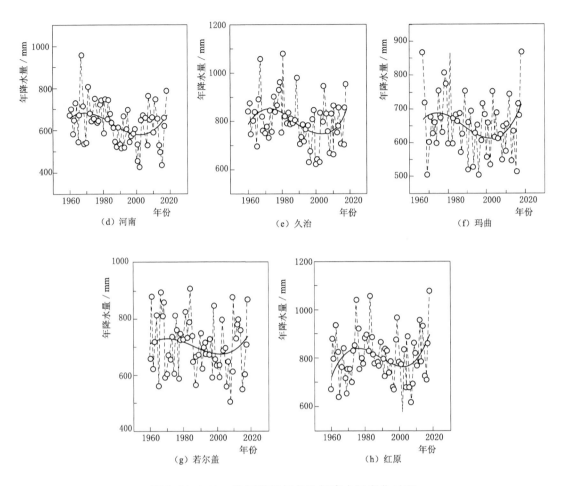

图 2.14（二）　黄河源区气象站年降水量变化过程

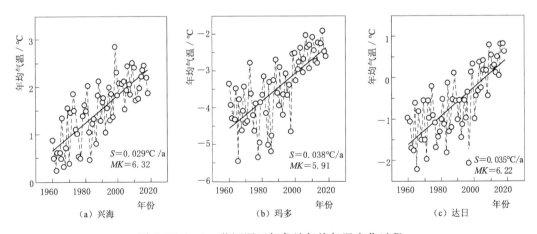

图 2.15（一）　黄河源区气象站年均气温变化过程

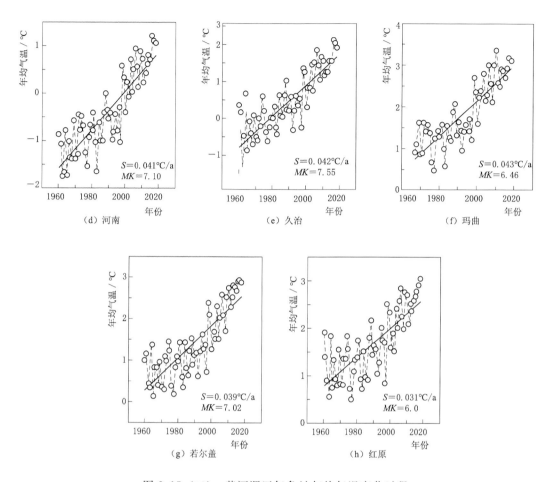

图 2.15（二） 黄河源区气象站年均气温变化过程

从图 2.14 中可以看出，黄河源区年降水量的变化大致可以分为三个阶段：1975 年之前各气象站点观测的年降水量呈现波动上升趋势，略微的增加趋势；1975—2000 年期间年降水量呈现减少趋势；2000 年之后年降水量又逐渐增加，且增加趋势较为明显，变化特征与张成凤等（2019）研究分析结果较为一致。1960—2018 年期间年降水量的年际变化趋势检验结果（表 2.5）表明，除了河南站年降水量呈现显著的减少趋势外，其他气象站的年降水量没有检测出显著的变化趋势；兴海站、玛多站和红原站的年降水量呈现出不显著的上升趋势，年降水量的气候倾向率（$S$）分别为 0.88mm/a、0.21mm/a 和 0.138mm/a；达日站、久治站、玛曲站和若尔盖站的年降水量呈现减少的趋势，但趋势在 0.05 置信水平上不显著。就 2000—2018 年这一阶段来看，黄河源区内 8 个气象站点年降水量都呈现增加趋势（表 2.6），其中研究区中、下游气象站点的年降水量增加速率较快，其 $S$ 值在 5mm/a 以上；黄河源区整体来说平均每年增加 5.87mm 的降水量，即 2000 年之后黄河源区气候呈现湿润的趋势。

气象站年均气温的变化过程如图 2.15 所示，从图中可以看出，各个气象站的年均气温自 1960 年以来呈现显著的上升趋势，$MK$ 在临界值 1.96 之上，均值为 6.50（表 2.5），其中黄河源区中下游地区的气象站，包括河南站、久治站和玛曲站，升温率在 0.040℃/a 以上，是增温最快的地区；相比之下，兴海站和红原站年均气温的升温率不超过 0.03℃/a，是升温相较缓慢的地区。表 2.6 给出了 2000—2018 年年均气温变化速率 $S$ 和 $MK$ 值，兴海站年均气温处于历史阶段中的高温期，且微弱上升，其他气象站年均气温变化 $MK$ 值都在 1.96 以上，流域升温趋势依旧显著。就从历史阶段角度而言，2000 年之后黄河源区显著升温的同时年降水量也呈现增加趋势，其气候特点有向暖湿化转变的趋势。

## 2.3.3　黄河源区气温、降水年内分配特征

黄河源区具有典型内陆高原季风气候特征。其气候特征总体而言，冷热两季交替，干湿季分明，即降水年内集中在湿季的夏秋汛期，春秋两季寒冷干燥。图 2.16 给出了黄河源区各分区多年平均降水、气温的年内分配过程，可以看出，每年的 11 月至次年 3 月的平均气温多在 0℃以下，Ⅰ区间 5 月的平均气温开始超过 0℃，而其他区间 4 月平均气温开始高于 0℃。11 月到次年 3 月期间，降水量也较少，平均不超过 25mm，3 之后降水量逐渐增加，每年 6—9 月是黄河源区降水的集中期，其中Ⅲ和Ⅳ区间 6—9 月月平均降水量超过 100mm。

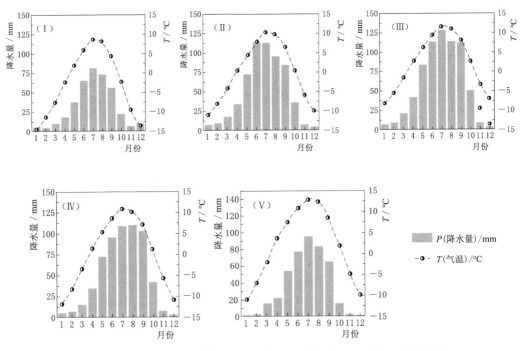

图 2.16　2000—2018 年黄河源区各分区间降水量、气温年内变化过程

## 2.4 清流河流域气候要素演变特征

### 2.4.1 清流河流域概况

清流河属于长江水系的二级支流滁河水系的分支，河流长度为 84km。清流河发源于滁州市区与定远县界的磨盘山、东麓仙店子北居涧，东接来安河，西达襄河，南接滁河干流，北源江淮分水岭。清流河流域位于 32°13′~32°40′N、117°59′~118°25′E（图 2.17），流域面积为 1070km²，年降水量约为 1000mm，年平均气温约为 16.0℃。流域内设有 7 个雨量站和 1 个水文站。根据水文资料显示，清流河流域年平均径流量约为 0.298 亿 m³。清流河流域的地形以山区和丘陵为主，土地利用类型以林地和耕地为主，地势北高南低（海拔范围为 -12~341m）。山区和丘陵主要分布在上游，中下游较为平坦。流域水系呈现树枝状，左支是百道河以及二道河，右支为大、小沙河。境内山区以人工阔叶林为主要植被类型。

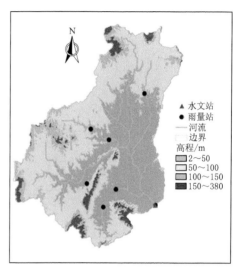

图 2.17 清流河流域水系及水文气象
站点分布图

清流河流域所在的滁州市在近几十年里人口、社会、经济情况发生了巨大的变化，从 1964 年的 212 万人到 1984 年的 344 万人到 2012 年的 452 万人，人口的年平均增长率在 1964—1984 年、1984—2000 年、2000—2012 年期间分别为 24.40%、13.36%、5.17%。GDP 从 1978 年的 2.45 亿元到 2000 年的 97.07 亿元。第一、第二、第三产业结构从 1974 年的 70.51:15.42:14.07 变为 2012 年的 19.8:52.3:27.9。随着社会经济的发展，土地利用方式发生了变化，主要是从林地和耕地向建设用地转移。该流域还经历了 1991 年、2003 年洪水和 1967—1969 年、2008 年以及 2017 年的干旱等极端水文气象事件。根据水文记录，2003 年的洪水事件导致经济损失达 6.5 亿美元。此外，163 个县的 243 万人受灾，79000 所房屋倒塌，139 座堤防被摧毁，京沪铁路中断了两次。

### 2.4.2 清流河流域气象要素的演变特征

采用线性回归方法和 MK 检验方法在年尺度和季节尺度分析清流河流域的气象水文要素演变特征（图 2.18 和表 2.7）。结果表明：1960—2012 年期间年降水量和径流量呈现增加趋势但趋势不显著，这与春、夏季降水减少有关，冬季增加趋势明显。

1960—2012 年期间清流河流域年平均蒸发量呈现下降趋势（2.01mm/a）（$P<0.01$）。1960—2012 年期间年平均气温呈上升趋势，年上升率为 0.02℃（$P<0.01$），这与全球变暖的趋势一致。气温在月尺度上除夏季外其余季节都呈现显著增加的趋势。相反，年平均蒸发量平均下降 2.01mm/a（$P<0.01$），可见清流河流域存在蒸发悖论。本流域的蒸发悖论现象可归结于研究流域太阳辐射和风速的下降［图 2.19 (b)］。此调查结果与 Han 等（2014）发表的结果一致。

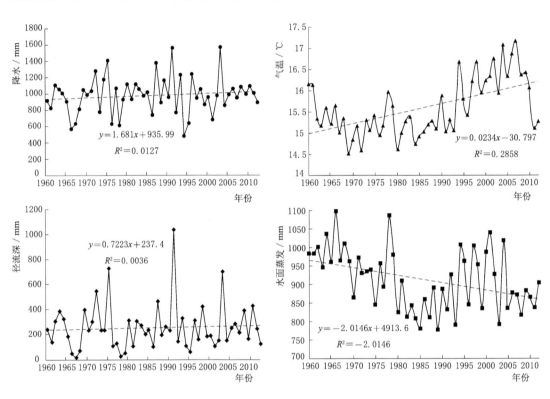

图 2.18　清流河流域降水、气温、径流、蒸发的年际变化（1960—2012 年）

表 2.7　　　　　　　　　　　年尺度和季尺度的气象水文要素统计信息

| 项　目 | | 降水 /mm | 气温 /℃ | 水面蒸发 /mm | 径流深 /mm | $P$ (0) | $P$ (25) | $P$ (50) | $P_{max}$ |
|---|---|---|---|---|---|---|---|---|---|
| 年尺度 | Slope | 1.68 | 0.02* | −2.01* | 0.72 | 0.03 | −0.002 | 0.001 | 1.18# |
| | $Z$ | 0.71 | 3.63* | −2.79* | 0.48 | 0.12 | −0.15 | 0.18 | 2.148# |
| 春季 | Slope | −0.69 | 0.04* | 0.22 | 0.06 | −0.16* | −0.02 | 0 | 0.07 |
| | $Z$ | −0.69 | 3.86* | 0.25 | 0.58 | −2.51# | −0.65 | 0.71 | 0.77 |
| 夏季 | Slope | 1.74 | 0.01 | −1.62* | 0.09 | 0.06 | 0.003 | 0.001 | 1.24# |
| | $Z$ | 1 | 0.72 | −3.90* | 0.59 | 1.08 | 0.15 | 0.48 | 2.10# |

续表

| 项 目 | | 降水/mm | 气温/℃ | 水面蒸发/mm | 径流深/mm | $P$ (0) | $P$ (25) | $P$ (50) | $P_{max}$ |
|---|---|---|---|---|---|---|---|---|---|
| 秋季 | Slope | −0.47 | 0.02* | −0.16 | 0.17 | −0.17* | 0.01 | −0.004 | −0.01 |
| 秋季 | $Z$ | 0.39 | 3.51* | −0.52 | 1.64 | −2.22# | 0.41 | −0.57 | −0.23 |
| 冬季 | Slope | 1.19* | 0.03* | −0.46* | 0.37* | 0.28* | 0.01# | 0 | 0.13# |
| 冬季 | $Z$ | 3.21* | 3.06* | −2.22# | 2.75* | 4.48* | 0 | | 1.77 |

注 $P$ (0)、$P$ (25)、$P$ (50)、$P_{max}$ 分别代表日降水大于 0mm、25mm、50mm 以及日最大降水。
*、# 分别代表在 0.01 和 0.05 置信水平上对应的变量有明显的变化趋势。

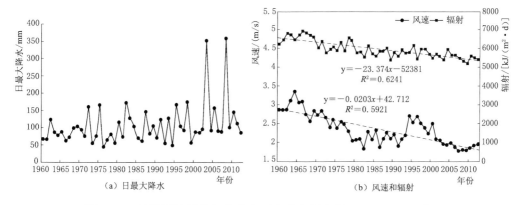

图 2.19 清流河流域的气象水文要素的年际变化（1960—2012 年）

日降水在春季（$P<0.05$）和秋季（$P<0.05$）呈现减少趋势，冬季呈现增加趋势（$P<0.01$）。每年最大日降水量呈现增加趋势［$P=0.018$，图 2.19 (a)］，在季尺度上夏季和冬季最大日降水量中也呈现出类似的趋势图。每日降水量超过 25mm 的天数在冬季显著增加。综合分析表明：①冬季变得更加暖湿，而春秋变得更加温暖但干燥；②每日最大降水强度在年尺度、夏季和冬季往往都更高；③冬季降水变得更密集。根据 MK 检验的结果选择 1984 年作为径流突变点，进而把研究期划分为基准期（1960—1984 年）和扰动期（1985—2012 年）（图 2.20）。

## 2.4.3 清流河流域气象要素的年内分配特征

为了研究突变点前后水文气象要素的变化，表 2.8 和图 2.21 分别给出了基准期和扰动期水文气象要素在年尺度和年内分配的变化。表 2.8 显示，在 1985—2012 年间，温度上升了 0.67℃，而降水、蒸发和径流相对于 1960—1984 年分别变化了 4.65％、−6.67％和 16.05％，并且在年内呈现出不均衡性。冬季和早春的变化远远高于 4—11 月之间的变化。降水量和蒸发量的变化幅度越大，径流量变化越大。径流增加通常与降水增加和蒸发下降有关。除 8 月外，气温在所有月份均有所上升，上升范围为 0.28～1.39℃，2 月涨幅最大。平均降水量增加 12.27％，1 月增幅最大

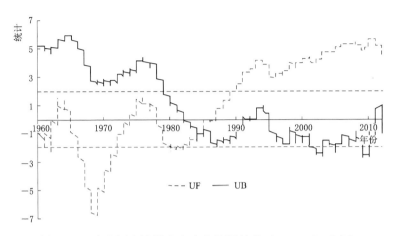

图 2.20　清流河流域径流突变点检测结果（1960—2012 年）

（54.61％），9 月减少幅度最大（25.67％）。除 4 月、5 月和 9 月外，所有月份的蒸发量均有所下降，1 月降幅最大（17.89％）。大多数月份（特别是 1 月、2 月、3 月和 12 月）的径流量增加，从 0.69％到 301.20％不等。1 月径流增加最多，这与降水和蒸发的变化特征一致。径流量减少幅度最大（9.73％）的月份发生在 6 月。

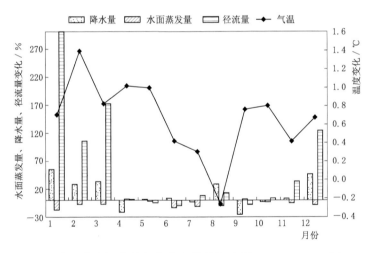

图 2.21　清流河流域气象水文数据扰动期（1985—2012 年）
相对基准期（1960—1984 年）的变化

表 2.8　　　　　　　　　　　水文气象数据在基准期和扰动期的比较

| 变　量 | 基准期<br>（1960—1984 年） | 扰动期<br>（1985—2012 年） | 变化量 | 变化量百分比 |
|---|---|---|---|---|
| 气温/℃ | 15.25 | 15.92 | 0.67 | — |
| 降水/mm | 957.83 | 1002.40 | 44.56 | 4.65％ |

续表

| 变　　量 | 基准期<br>(1960—1984 年) | 扰动期<br>(1985—2012 年) | 变化量 | 变化量百分比 |
|---|---|---|---|---|
| 蒸发/mm | 947.22 | 884.06 | −63.16 | −6.67% |
| 径流深/mm | 236.67 | 274.65 | 37.98 | 16.05% |

## 2.5　本章小结

　　本章在分析全球、六大洲、中国区域的气候变化基础上，分别研究了中国不同气候区三个典型流域的气候要素（气温、降水）演变特征。全球降水总体呈不显著增加趋势，其中欧亚大陆北部增加显著，而中东和非洲总体呈较明显的减少趋势；全球绝大部分区域的温度在年际及各季节均呈较明显的上升趋势。就典型区域来看，漳河流域上游降水呈现先减后增的变化态势，20 世纪 60 年代降水量处于较丰水平，其后呈减少趋势至 1998 年前后开始趋于增加；最高气温呈增加趋势、最低气温呈减少趋势。黄河源区降水呈"增-减-增"变化态势，1975 年之前年降水量呈现波动且微弱上升趋势，1975—2000 年期间年降水量呈现减少趋势，2000 年之后年降水量又逐渐增加；温度则呈显著增加趋势。清流河流域年降水呈不显著增加趋势，气温呈较明显上升趋势，而年平均水面蒸发量有所减少，存在"蒸发悖论"现象；气候季节特征分析表明，流域冬季变得更加暖湿而春秋变得更加温暖但干燥，每日最大降水强度在年尺度、夏季和冬季往往都更高，冬季降水变得更密集。

# 第3章　流域下垫面变化及其对气候变化的响应

## 3.1　漳河上游植被下垫面变化对气候变化的响应

### 3.1.1　资料来源

收集的叶面积指数（LAI）数据集来自美国地质勘探局（USGS）发布的 Terra/MOD15A2H 产品（数据来源：http：//lpdaac.usgs.gov），时间分辨率为 8d，空间分辨率为 500m。该数据已经过辐射校正、几何校正、大气校正等预处理，并采用最大值合成法（Maximum Value Composition，MVC）处理，最大限度地降低了气象要素如云、冰雪、雾霾等对影像的影响。

通过 LPDAAC 提供的下载工具 Daac2Disk 下载了覆盖漳河上游蔡家庄以上流域的图幅号 h26v05、h27v05 的 2000—2012 年 MOD15A2H 数据。利用 MODIS 重投影工具（Modis Reprojection Tool，MRT），对原始数据进行批量嵌合、提取 NDVI 所在的波段并转为 Tiff 格式、将正弦投影转换成 WGS1984 地理坐标进行批量操作，并对处理后的栅格数据进行批量裁剪，得到了蔡家庄流域的逐 8 日 LAI 数据。

### 3.1.2　漳河流域上游 *LAI* 变化特性

图 3.1 给出了全流域 2000—2012 年的 *LAI* 的空间分布。可以发现，图 3.1 中的绿色总体呈加深趋势，说明 *LAI* 不断增加。对逐像元 *LAI* 变化的趋势统计结果发现，所有像元的 *LAI* 均呈现显著增加趋势，其中近半数的 *MK* 统计值达到 4 以上，远超过 5％显著水平下的临界值 1.96（图 3.2）。

就全流域水平来看，各植被类型的 *LAI* 均呈现显著增加趋势（图 3.3），其中林地和灌丛的相对增幅每年约为 3.3％～3.4％，大于草地和农田的 2.5％和 2.0％；全流域平均 *LAI* 从 2000 年的 0.83 增加到 2012 年的 1.35，增加了近 60％，增加速率每年约为 0.033。

受流域地理条件影响，植被变化呈现出十分明显的季节性（图 3.4）。流域植被生长萌发于 4 月，在 5—9 月迅速生长，在图 3.4 中则直观反映为绿色至深蓝色区域显著增加，该期间的 *LAI* 普遍在 3.0 以上，林地覆盖较多的地区 *LAI* 可达到 5.0；10月后进入枯萎期，*LAI* 普遍降至 1.0 以下，图 3.4 中大部分区域则相应变为黄色。就各植被类型而言（图 3.5），*LAI* 的年内变化差异主要体现在大小，而峰现时间大

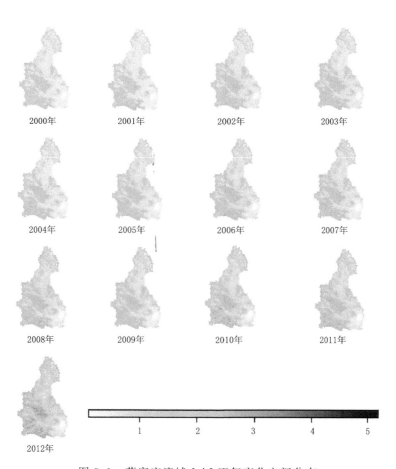

图 3.1 蔡家庄流域 $LAI$ 逐年变化空间分布

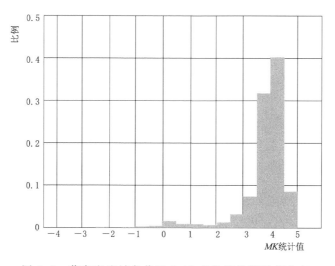

图 3.2 蔡家庄流域各像元 $LAI$ 变化趋势统计值分布

体类似，且流域耕作制度为一年一熟制，因此农作物的生长仍是在夏季达到顶峰，若处于更温暖、可实行一年两熟制的地区，则农作物 LAI 将呈现双峰型的年内变化特性。

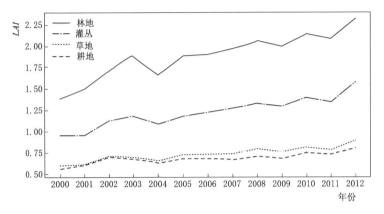

图 3.3　蔡家庄流域各植被类型 LAI 逐年变化趋势

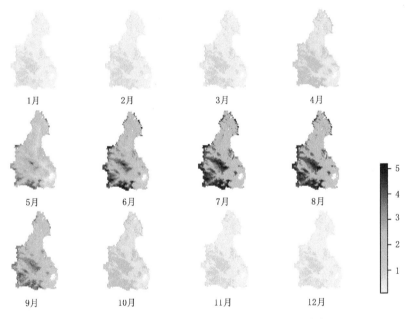

图 3.4　蔡家庄流域 LAI 年内变化的空间分布

## 3.1.3　漳河上游 LAI 变化对气候变化的响应

　　植被生长与气候条件密切相关，一个区域的常年气候特征决定了该地的植被类型及栽培适宜性，而气候在较短时间尺度上的波动又会影响植被的长势。因此，分析植被与气候的响应关系，有助于把握植被的物候动态，对于重建历史时期的植被过程以及预估未来气候变化情景下的植被趋势等方面具有重要的启示意义。在诸多气候因子中，降水和温度是影响植被生长最关键和最容易获取的因素，本研究以 LAI 作为植

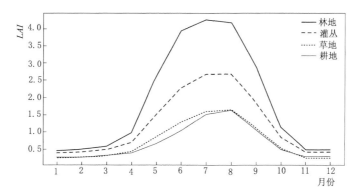

图 3.5 蔡家庄流域各植被类型 $LAI$ 的年内变化

被生长状况的表征，研究其对降水和温度变化的响应特点。

### 3.1.3.1 $LAI$ 对降水的响应关系

降水提供了植被生长所需要的水分，而不同时间尺度上降水的变化将对植被产生如何的影响？不同植被类型对于降水的响应程度又存在哪些异同？分别从年、月尺度上讨论二者的关系。

图 3.6 给出了年尺度 $LAI$ 对降水量的响应关系，构建的各植被类型的年均 $LAI$ 与年降水量的关系如下：

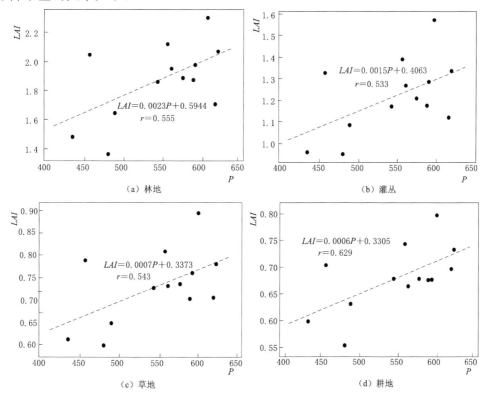

图 3.6 各植被类型年均 $LAI$ 与年降水量的关系

$$LAI_{FRSD} = 0.0023P + 0.5944, r = 0.555 \tag{3.1}$$

$$LAI_{RNGE} = 0.0015P + 0.4063, r = 0.533 \tag{3.2}$$

$$LAI_{PAST} = 0.0007P + 0.3373, r = 0.543 \tag{3.3}$$

$$LAI_{AGRL} = 0.0006P + 0.3305, r = 0.629 \tag{3.4}$$

式中：$LAI$ 为年均 $LAI$，下标 FRSD、RNGE、PAST 和 AGRL 依次表示林地、灌丛、草地、耕地；$P$ 为年降水量，mm；$r$ 为 Pearson 相关系数。

上述结果表明各植被类型的年均 $LAI$ 与年降水量均存在一定的正相关性，即在降水较多的年份，植被生长状况相对较好。这种响应模式与流域气候密切相关，流域处于东亚季风区，雨热同季，汛期降水量占全年降水量一半以上，而该时期亦处于全年温度的峰值期，植物生长茂盛，丰沛的降水叠加较高的温度，促进了植被的生长。多年平均降水量为 550mm，在干旱年份降水更少，降水将成为约束植被生长的主要因素，该流域植被生物量对年降水量的响应相比湿润地区要敏感得多。

同时也应注意到，各植被类型 $LAI$ 与年降水量的 Pearson 相关系数并不是非常高，说明除了当年降水量外，尚有其他因素可以解释 $LAI$ 的变化。考虑到流域的年降水量变率较大，因此降水对于植被的作用存在一定的"惯性"，即前一年的降水可能在一定程度上调节水分条件，影响植被生长。因此，引入当年降水 $P$ 和前一年降水 $P_0$ 的组合作为加权年降水 $P'$ 来构建降水与 $LAI$ 的相关关系，其表达式为

$$P' = kP + (1-k)P_0 \tag{3.5}$$

式中：$k$ 为权重系数，优化结果取 $k = 0.476$。

所构建的各植被类型 $LAI$ 与加权降水量的关系如下：

$$LAI_{FRSD} = 0.0040P' - 0.2783, r = 0.793 \tag{3.6}$$

$$LAI_{RNGE} = 0.0025P' - 0.1370, r = 0.755 \tag{3.7}$$

$$LAI_{PAST} = 0.0011P' + 0.1240, r = 0.711 \tag{3.8}$$

$$LAI_{AGRL} = 0.0009P' + 0.1698, r = 0.780 \tag{3.9}$$

可以看出，在考虑前一年降水影响之后，二者的相关性显著增加（图 3.7）。各植被类型条件下的 Pearson 相关系数均大于 0.7，其中林地的相关系数从 0.553 增加为 0.793，这可解释为乔木相比其他植被拥有更深的根系，在干旱条件下可以更加允分利用土壤深层的水分以维持生长，对于降水条件的变化具有一定的"缓冲能力"。此外，各相关公式中的斜率显著增加，说明植被对加权降水量变化的反应更加灵敏，即通过加权降水量的变化更能够揭示可能的植被变化。

温带地区的植被具有明显的以年为周期的物候特性，其萌发、生长、凋落都是在年内完成，植被的年际变化实际上是年内生长状况的集合体现。因此，将年际尺度上降水对植被生长的影响细化到年内进一步分析，能更好地认识植被对于降水变化的响应机理。考虑到深秋至早春时节，植被尚处于休眠期，$LAI$ 很小且波动微弱，对气候因子的变化几乎没有响应，因此仅考虑生长期 4—10 月的 $LAI$ 与降水的关系，构建各植被类型生长期 $LAI$ 与降水相关程度见表 3.1。

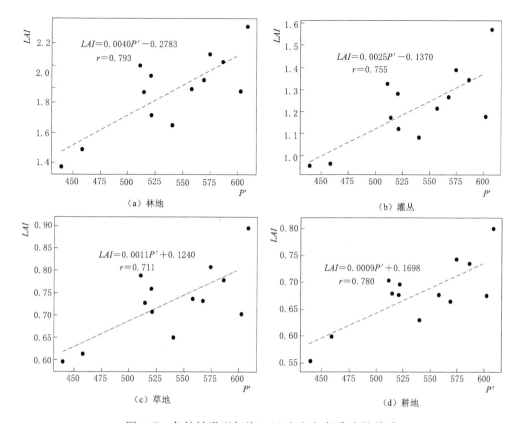

图 3.7 各植被类型年均 *LAI* 与加权年降水的关系

表 3.1　　　　　　　　　生长期各月 *LAI* 与降水量的 Pearson 相关系数

| 月份 | FRSD | RNGE | PAST | AGRL |
|------|------|------|------|------|
| 4 | 0.5413 | 0.4804 | 0.4133 | 0.3985 |
| 5 | 0.2429 | 0.1291 | 0.1745 | 0.2309 |
| 6 | 0.1294 | 0.1986 | 0.2344 | 0.3088 |
| 7 | −0.1623 | −0.0172 | −0.053 | 0.0627 |
| 8 | 0.4306 | 0.2576 | 0.1575 | 0.1678 |
| 9 | 0.1435 | 0.0093 | −0.0168 | 0.1137 |
| 10 | −0.1842 | −0.3038 | −0.4854 | −0.4692 |

　　结果表明，生长期除个别月份外，*LAI* 与降水量多呈正相关关系，但相关程度明显较年尺度小，仅 4 月的相关系数稍大；另外，例如 10 月 *LAI* 与降水量的负相关关系可能说明降水量偏高对应的温度偏低，使得植物凋落速率较快。考虑到降水年际尺度上的"滞后"效应，年内植被变化应同样受到该效应影响，因此，通过构建各月加权降水量分析降水与 *LAI* 的关系。优化拟定各月加权降水量公式见表 3.2。

表 3.2                生长期各月加权降水量计算公式

| 月份 | 构建公式 | 月份 | 构建公式 |
|---|---|---|---|
| 4 | $P'_{APR} = 0.3P_0 + P_{JAN-MAR}$ | 8 | $P'_{AUG} = P_{AUG} + 0.8P_{JUL} + 0.7P_{JUN}$ |
| 5 | $P'_{MAY} = 0.4P_0 + P_{JAN-MAY}$ | 9 | $P'_{SEP} = P_{AUG} + P_{JUL} + 0.6P_{JUN}$ |
| 6 | $P'_{JUN} = 0.3P_0 + P_{JAN-MAY}$ | 10 | $P'_{OCT} = 0.5P_{SEP} + 1.5P_{AUG} + P_{JUL}$ |
| 7 | $P'_{JUL} = 1.2P_0 + P_{JAN-JUN}$ | | |

表 3.3 给出了各月加权降水量与 $LAI$ 的相关性分析结果,不难看出,各月二者的相关程度总体大幅度提升。其中,提升最明显的当属 5 月和 6 月,期间植物处于旺盛生长阶段,消耗大量水分,前期土壤积蓄的水分至关重要,因此降水滞后效应在这两个月表现得最明显。4 月的相关系数变化不明显,说明此时降水尚未成为影响植物生长的关键因子。而 7 月以后,植被已过主要生长期而趋于凋落,尽管仍和前几个月的降水有所关联,但相关性有所降低。

表 3.3            生长期各月 $LAI$ 与加权降水量的 Pearson 相关系数

| 月份 | FRSD | RNGE | PAST | AGRL |
|---|---|---|---|---|
| 4 | 0.4895 | 0.5405 | 0.4974 | 0.5518 |
| 5 | 0.7588 | 0.7698 | 0.8328 | 0.8993 |
| 6 | 0.8414 | 0.8607 | 0.8722 | 0.8762 |
| 7 | 0.6558 | 0.6310 | 0.6329 | 0.6891 |
| 8 | 0.5246 | 0.5720 | 0.5336 | 0.5752 |
| 9 | 0.5681 | 0.6468 | 0.6353 | 0.6230 |
| 10 | 0.4406 | 0.5196 | 0.5218 | 0.4390 |

生长期各月降水与 $LAI$ 均呈现不同的相关关系,并反映不同的响应机理。而将生长期所有月份的降水量与 $LAI$ 集合在一起,则又呈现出一种非线性响应规律(图 3.8)。

图 3.8 中的散点关系表明,当降水处于较低水平时,每增加一定幅度的降水,$LAI$ 的总体增幅亦较显著,而当降水量达到某个拐点时(大约在 100mm),$LAI$ 对降水变化响应的灵敏程度骤然降低,此后无论降水增加多少,$LAI$ 不再有显著变化。定量分析散点关系的上包络线,可得

$$LAI_{max,FRSD} = 4.23 \left[ \frac{P_{mon}/250}{P_{mon}/250 + 0.04\exp(1 - 6P_{mon}/250)} \right] + 0.77 \qquad (3.10)$$

$$LAI_{max,RNGE} = 3.04 \left[ \frac{P_{mon}/250}{P_{mon}/250 + 0.07\exp(1 - 4P_{mon}/250)} \right] + 0.58 \qquad (3.11)$$

$$LAI_{max,PAST} = 1.62 \left[ \frac{P_{mon}/250}{P_{mon}/250 + 0.09\exp(1 - 6P_{mon}/250)} \right] + 0.35 \qquad (3.12)$$

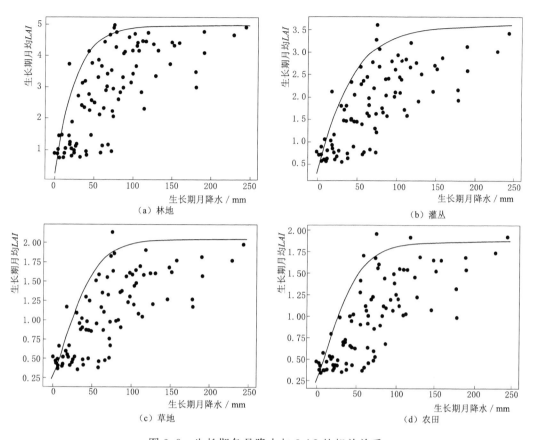

图 3.8 生长期各月降水与 $LAI$ 的相关关系

$$LAI_{\max, \mathrm{AGRL}} = 1.52\left[\frac{P_{\mathrm{mon}}/250}{P_{\mathrm{mon}}/250 + 0.1\exp(1 - 7P_{\mathrm{mon}}/250)}\right] + 0.36 \qquad (3.13)$$

式中：$LAI_{\max}$ 为某降水条件下的 $LAI$ 月最大值，下标逗号后的代号表示植被类型，含义同上；$P_{\mathrm{mon}}$ 为每月加权降水量。

式（3.10）～式（3.13）表示的这种关系是降水年内变化和植被物候特性的综合反映。从植被生长的角度来看，较低的降水往往出现在汛期以外的生长期如 4 月，此时植被尚处于萌发至生长初期。5—6 月的降水量显著增加，此时温度亦明显升高，植被处于生长旺盛期，且汛期前流域仍较干旱，植被受水分控制明显，对降水的变化亦相对灵敏，表现在图 3.8 中上包线的斜率很大。另外，由于降水的年际波动大，前期土壤湿度影响植物长势，结合温度等其他气候因素的影响，造成相近降水量下的 $LAI$ 具有较大的不确定性。至月降水达到 100mm 以上尤其 150mm 时，对应 7 月、8 月的汛期，此时流域湿润程度高，植被亦达到了全年生长的峰值，$LAI$ 最大值对于降水增加的响应已经很微弱，但部分年份受前期干旱等因素的影响，$LAI$ 有所偏小。

综合上述结果，$LAI$ 对降水的响应关系较好，且在不同时间尺度上呈现出不同的关系。

#### 3.1.3.2　*LAI* 对温度的响应关系

植被的生长需要适宜的温度。温度过低，植物落叶；温度过高，容易产生干旱，影响植被生长。基于不同时间尺度讨论不同植被类型对温度的响应。

图 3.9 给出了构建各植被类型 *LAI* 对年均气温的响应关系。

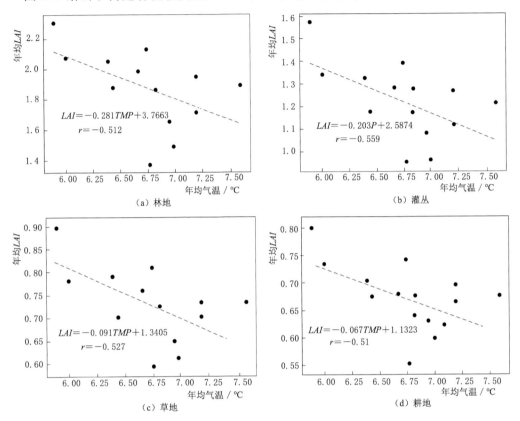

图 3.9　各植被类型年均 *LAI* 与年均气温的关系

由图 3.9 可以看出，随着年均温度的升高，各植被类型的年均 *LAI* 均有所降低，但二者的相关性较弱，远低于 *LAI* 与降水的相关性，说明从年际变化的角度来看，植被生长主要受控于水分条件，热量条件的影响则相对有限。由于温度的年际波动小于降水，亦不会像降水那样存储于土壤中对植被生长造成"滞后"影响，因此不再考虑前一年温度的影响。

年内尺度上，生长期逐月平均温度与各类型 *LAI* 月平均值的关系见表 3.4。

表 3.4　　　　　　生长期各月 *LAI* 与平均温度的 Pearson 相关系数

| 月份 | FRSD | RNGE | PAST | AGRL |
|---|---|---|---|---|
| 4 | 0.3818 | 0.4828 | 0.6197 | 0.5812 |
| 5 | −0.2424 | −0.2455 | −0.3104 | −0.343 |
| 6 | −0.1985 | −0.3157 | −0.2572 | −0.2668 |

| 月份 | FRSD | RNGE | PAST | AGRL |
|---|---|---|---|---|
| 7 | −0.0389 | −0.032 | −0.0246 | −0.0737 |
| 8 | 0.0756 | 0.0021 | −0.032 | −0.136 |
| 9 | −0.2112 | −0.3296 | −0.2566 | −0.2229 |
| 10 | −0.1832 | −0.0614 | 0.1769 | 0.1397 |

表 3.4 的统计结果表明，各植被类型 $LAI$ 与平均温度的相关性在 4 月相对显著，由于 4 月是研究流域植被开始萌发及生长的初期阶段，温度高低决定了植被是否开始生长以及生长速率，且这个时候降雨量少，温度是影响植被状况的重要因素，而草地和耕地的相关系数又明显大于林地和灌丛，说明这两种植被的初期生长与温度的关系更密切。

其他各月中：5 月和 6 月各植被类型 $LAI$ 与平均温度都呈负相关关系，此时温度进一步升高，降水量也在增加，植被需要更多的水分满足其旺盛的生长需求，而温度偏高对应降水量偏少，且蒸发增加，使得植被生长受到限制；7 月、8 月，$LAI$ 与平均温度的相关程度十分微弱，此时植被生长已达到全年峰值，且温度亦处于全年最高值，变化幅度也比较小，因此温度对植被状况的影响几近忽略。9 月和 10 月的 $LAI$ 与温度相关程度亦较弱，无明显规律性，因为此时植被已处于衰败至凋零阶段，对外界因子的响应微弱。

综上分析，$LAI$ 在月尺度上与温度的相关性总体较降水的较低，原因主要在于植被的生长在一年中的大多数时间受制于降水的多少；而 $LAI$ 与温度在 4 月稍高的相关性则揭示了降水和温度在植被生长初期的共同影响，据此对 4 月 $LAI$ 及组合降水量、平均气温构建多元回归关系，发现二者的相关性大幅增加（表 3.5），Pearson 相关系数均大于 0.7，其中草地和耕地类型的相关系数更是达到 0.9 以上，说明组合降水量和平均气温的共同影响可以较好地揭示了 4 月植被生长状况。比较降水和气温的回归系数可以发现，从林地、耕地、草地到农田，$LAI$ 对气温的相对响应程度不断上升。

表 3.5　　　　　　4 月 $LAI$ 与组合降水、气温多元回归系数及相关性

| 植被类型 | 降水回归系数 | 气温回归系数 | 截距 | Pearson 相关系数 |
|---|---|---|---|---|
| FRSD | 0.0046 | 0.0824 | −0.5138 | 0.7148 |
| RNGE | 0.0025 | 0.0478 | −0.1317 | 0.8408 |
| PAST | 0.0013 | 0.0287 | −0.0280 | 0.9410 |
| AGRL | 0.0007 | 0.0156 | 0.1388 | 0.9308 |

### 3.1.3.3 $LAI$ 和气孔导度对 $CO_2$ 的响应关系

$LAI$ 和气孔导度均为植物最重要的生理特性指标，在以 $CO_2$ 为主的温室气体排

放增加的情景下，植物的生理性状发生了相应的改变，通常表现为导度减小、$LAI$ 增加，以此影响了水文循环。为了充分体现 $CO_2$ 浓度变化下导度和 $LAI$ 随不同植被的变化，这里采用有关文献（Eckhardt、Ulbrich，2003）中气孔导度和 $LAI$ 对 $CO_2$ 浓度变化的响应公式：

$$gsi_{CO_2} = gsi\left[(1+p) - p\frac{CO_2}{330}\right] \tag{3.14}$$

$$LAI_{CO_2} = LAI\left[(1-q) + q\frac{CO_2}{330}\right] \tag{3.15}$$

式中：$gsi$ 和 $gsi_{CO_2}$ 为标准 $CO_2$ 浓度和变化 $CO_2$ 浓度下的气孔导度；$LAI$ 和 $LAI_{CO_2}$ 为标准 $CO_2$ 浓度和变化 $CO_2$ 浓度下的 $LAI$；$p$ 为气孔导度对 $CO_2$ 浓度变化的敏感度系数；$q$ 为 $LAI$ 对 $CO_2$ 浓度变化的敏感度系数；$CO_2$ 为 $CO_2$ 浓度值；330 表示 $CO_2$ 浓度基准水平为 $330 \times 10^{-6}$。$p$ 和 $q$ 随植被类型而变（表 3.6），这里采用上述文献的推荐值。

表 3.6　不同植被类型下气孔导度和 $LAI$ 对 $CO_2$ 浓度变化的敏感性

| 植被类型 | $p/\%$ | $q/\%$ |
|---|---|---|
| FRSD | 16 | 7 |
| RNGB | 20 | 15 |
| PAST | 25 | 20 |
| AGRL | 40 | 37 |

#### 3.1.3.4　$LAI$ 历史序列的构建

通过研究 $LAI$ 对气候因子的响应关系，有助于在缺乏植被资料时，通过历史气候资料，推算植被过程。上述研究表明，降水在年际和年内尺度上影响 $LAI$ 的大小和变化速率，而温度主要影响植被的生长期，因此这里提出一个利用气候资料推算 $LAI$ 的方法。采用 1958—1999 年的逐日降水和温度系列，按照年际尺度到年内尺度依次分析的原则，综合考虑已构建的公式以及 $LAI$ 变化上限，推算了逐日 $LAI$ 系列。具体步骤如下：

（1）通过年降水与年均 $LAI$ 的响应关系，计算年均 $LAI$ 初步值，该值仅用来参考计算年最大 $LAI$，其最终结果尚需根据后续计算的各月 $LAI$ 确定。

（2）通过年均 $LAI$ 与年最大 $LAI$ 的关系，计算年最大 $LAI$ 作为 7 月、8 月 $LAI$ 的值。

（3）9 月和 10 月 $LAI$ 通过其与年最大 $LAI$ 建立的相关关系计算。

（4）5 月和 6 月 $LAI$ 通过其与当月加权降水量的关系来计算。

（5）4 月 $LAI$ 通过其与组合降水和温度的相关关系计算。

（6）各月 $LAI$ 对降水响应的上包络线用于限定 $LAI$ 上限值，避免极端降水量引起 $LAI$ 异常。

（7）1—3 月和 11—12 月处于植被凋零期，加之流域植被绝大部分为落叶植被，因此认为其 $LAI$ 大致处于恒定水平，采用这些月份的多年均值计算。

（8）逐日 $LAI$ 采用对应月份的 $LAI$ 值。

（9）根据逐年 $CO_2$ 浓度对 $LAI$ 进行相应校正，事实上较短的时期内，$CO_2$ 浓度的变化对 $LAI$ 的影响尚十分微弱，而若用于未来植被推算，在温室气体排放显著增加的情况下，$CO_2$ 的浓度则是需要注意的因素。

## 3.2 黄河源区积雪和植被变化及其对气候变化的响应

### 3.2.1 资料来源

植被指数 $NDVI$ 数据来源于 NASA 发布的基于 NOAA 气象卫星数据全球 8km 数据集，该数据集是目前持续时间最长的连续数据集，具有覆盖范围广、时间跨度长和较强的植被监测能力等优点（王高杰 等，2018）。一般采用最大合成法（Maximum Value Composite，MVC）合成得到月 $NDVI$ 数据，以消除异常值影响，进而将月 $NDVI$ 数据合成年最大 $NDVI$ 影像（刘启兴 等，2019）。

研究使用的格点型积雪深度数据来源于寒区旱区科学数据中心，名为中国雪深长时间序列数据集（戴礼云、车涛，2015）。该数据集提供中国范围积雪深度分布数据，时间分辨率为逐日，空间分辨率为 25km，数据序列长度为 1979—2016 年。用于反演该雪深数据集的原始数据来自美国国家雪冰数据中心（NSIDC）处理的 SMMR（1979—1987 年），SSM/I（1987—2007 年）和 SSMI/S（2008—2019 年）逐日被动微波亮温数据（EASE - Grid）（Che et al.，2008）。由于三个传感器搭载平台的不同，导致原始遥感数据存在一定的系统不一致性，所以在反演积雪深度之前，需对亮温数据进行交叉定标处理，以提高其在时间上的一致性。积雪深度数据的获取以及积雪反演算法说明详见中国西部环境与生态科学数据中心网址。依据青藏高原积雪季节变化的特点并参考已有研究结果，将当年的 9 月 1 日至次年的 8 月 31 日定义为研究区的一个积雪年（刘俊峰 等，2006）。根据中国气象局发布的《地面气象观测规范》，平均雪深不足 0.5cm（微量积雪）记为 0cm，当积雪深度不小于 0.5cm 时，数值四舍五入，最小值为 1cm；因此日积雪深度不小于 1cm，即记为一个积雪日。为方便研究，对积雪特征作如下定义：积雪初日和积雪终日分别是指一个积雪年内，第一次和最后一次出现积雪深度记录（雪深不小于 1cm）的日期；积雪天数是指一个积雪年内，积雪初日至积雪终日之间（即积雪期）积雪深度不小于 1cm 的累计天数；年均雪深是一个积雪年内，积雪深度总和与积雪天数的比值（刘晓娇 等，2020）。

选取 Pearson 相关分析方法，就因变量（如 $NDVI$ 或积雪特征值）与自变量（气候要素）之间的相关性进行分析。但考虑到相关性不能直接代表变量间的因果性，为进一步研究流域下垫面特征对气候变化的响应，本研究采用 Zheng 等（2009）提出的敏感性系数法，其基本计算公式为

$$\varepsilon_x = \frac{\overline{x}}{\overline{y}} \frac{\sum (x-\overline{x})(y-\overline{y})}{\sum (x-\overline{x})^2} = \rho_{x,y} C_y / C_x \qquad (3.16)$$

式中：$\varepsilon_x$ 为 $y$ 对气候要素 $x$ 的敏感系数，指气象要素 $x$ 变化 1% 引起的 $y$ 变化为 $\varepsilon_x$%（向燕芸 等，2018）；$\overline{x}$ 和 $\overline{y}$ 分别为气象要素 $x$ 与预测要素 $y$ 的多年平均值；$\rho_{x,y}$ 为 $x$ 和 $y$ 的相关系数；$C_x$ 和 $C_y$ 分别为序列 $x$ 和 $y$ 的变异系数（方差与均值的比值）；$x$ 可以为气温（$T$）或降水（$P$），预测要素 $y$ 可以为年均积雪深或年积雪日数。

多元线性回归，作为一种相关关系分析方法，常用于解释一个连续因变量与两个或多个自变量之间的关系，以回归系数表征自变量对因变量变化的贡献程度，该方法也常用于分析不同气候要素对流域蒸散发的影响（Guan et al.，2020）。本研究建立积雪特征值（如年均积雪深度和积雪天数）与年降水量、年均气温之间的回归关系，从而量化不同气候要素对积雪特征演变的相对贡献率。由于自变量与因变量具有不同的单位，为了消除不同量纲对回归计算的影响，在建立回归关系式时将自变量与因变量都归一化至 [0，1] 范围。具体计算贡献程度的表达式为

$$y = aP + bT + \delta \tag{3.17}$$

$$\eta_P = \frac{|a|}{|a| + |b|}, \eta_T = 1 - \eta_P \tag{3.18}$$

式中：$P$ 和 $T$ 分别为降水和气温；$a$ 和 $b$ 为两个回归系数；$\delta$ 为残差，该 3 个回归参数可以通过最小二乘法求得；$y$ 为预测因变量；$\eta_P$ 和 $\eta_T$ 分别为降水和气温对积雪特征值 $y$ 变化的相对贡献率（Guan et al.，2020）。

残差分析法通过剔除 NDVI 长时间序列变化中降水、气温因素的影响来剥离植被覆盖变化中自然因素和人为因素。利用 NDVI 和降水量、气温做多元线性回归分析，NDVI 的预测值和真实值之间的差值（称为残差），即可表征非气候因素（人类活动）对植被覆盖变化的系统性影响，即残差分析法，该方法在相关研究中得到了广泛的应用（Zhang et al.，2016），其表达式如下：

$$NDVI = aP + bT + c \tag{3.19}$$

式中：$P$ 和 $T$ 分别为降水和气温，利用遥感观测的 NDVI 数据以及实测降水气温数据，计算得到 3 个回归方程参数 $a$、$b$、$c$ 的值；NDVI 残差计算公式为

$$\varepsilon = NDVI_{真实值} - NDVI_{预测值} \tag{3.20}$$

式中：$NDVI_{预测值}$ 为根据多元线性回归模型预测的 NDVI 值；$NDVI_{真实值}$ 为 NDVI 时间数据集。NDVI 残差 $\varepsilon$ 为正值时，即表示人类活动对流域内植被覆盖变化产生正面作用；若 $\varepsilon < 0$，表示人类活动的影响不利于植被生长。

## 3.2.2 黄河源区积雪变化特征及其对气候变化的响应

依据积雪初日和终日的定义及黄河源区积雪遥感反演得到的逐日系列数据，计算得到研究区内多年平均积雪初日和积雪终日（图 3.10）。从图 3.10 中可以看出，黄河源区积雪开始和结束时间具有空间异质性，积雪初日和积雪终日受流域地形和多年平

均气温的影响,西部源头区和北部边界区积雪期开始较早,集中在10月和11月,积雪期结束较迟,主要在次年的4—5月;与黄河源其他地区相比积雪期较长。黄河源区积雪期内积雪天数和年均雪深多年平均分布情况如图3.11所示。从图3.11中可以看出,源区上游至黄河源头以及西北部兴海气象站以上流域年均雪深较大,积雪深在4cm以上,同时积雪天数也较多;年均雪深和积雪天数峰值出现在研究区的北部。达日站以下的中下游河谷地区年均雪深较小,在2cm左右;积雪天数在50d左右。综上,积雪主要覆盖在黄河源区西部海拔在4000m左右的源头地区以及北部流域边界处的高山区,该地区积雪期较长,年均雪深和积雪天数都高于其他地区。

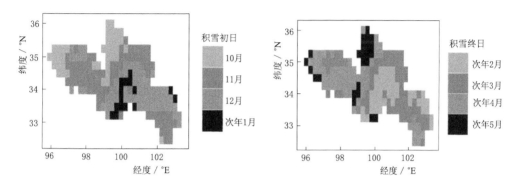

图3.10 黄河源区多年平均积雪初日、积雪终日日期空间分布

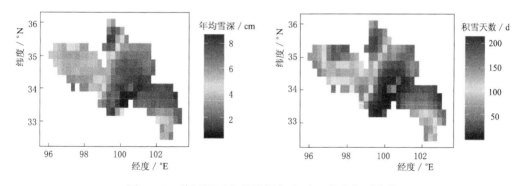

图3.11 黄河源区年均雪深与积雪天数多年平均值

依据气象资料计算黄河源区降水和气温的多年平均值,并比较水热条件的空间异质性。按积雪年计算降水、气温的多年平均分布结果如图3.12所示。从图3.12中可以看出,黄河源区气候条件的空间特征表现为降水东多西少、南多北少,气温东高西低、北高南低,总体而言东南部水热条件较好。一般而言,丰富的降水和较低的气温有利于积雪的形成,比较图3.11和图3.12中的结果发现积雪年降水的多年平均值的空间分布特点与年均雪深和积雪天数并不一致,这是因为积雪期多处于黄河源区的冬季,而黄河源区属高寒季风气候,年内降水集中于夏秋季,所以积雪年降水不能很好地反映积雪特征的空间分布。

为此,计算积雪期降水和气温的多年平均值如图3.13所示,结果表明积雪期降

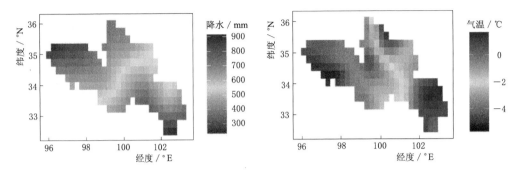

图 3.12　黄河源区 1979—2016 年积雪年内多年平均降水、气温空间分布

水、气温的多年平均值在空间上较为离散，其值的变化不够光滑，这是由于积雪期的空间异质性所导致，不过积雪期气温的总体空间特征与积雪年气温空间分布规律（见图 3.12）较为一致，这是因为气温主要受地形、海拔的影响；就降水而言，积雪期的多年平均降水空间特征与年均雪深和积雪天数的空间分布特征较为一致，即积雪期西部北部降水多于东部南部地区。

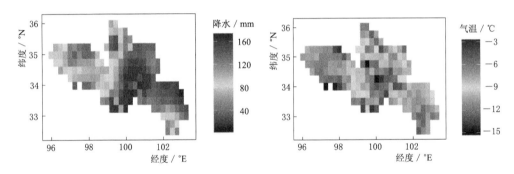

图 3.13　黄河源区 1979—2016 年积雪期内多年平均降水、气温空间分布

基于线性回归法计算积雪期降水、气温、积雪天数和年均雪深的变化率（即气候倾向率 $S$），并应用 MK 法诊断其变化趋势的显著性。黄河源区 1979—2016 年各要素流域面均年序列的变化情况如图 3.14 所示，就流域整体而言，1979—2016 年期间面均降水量呈现不显著的减少趋势，下降率为 $-2.43\text{mm}/10\text{a}$；积雪期气温呈现显著的上升趋势，变暖十分明显。年均雪深和积雪天数都呈现不显著的下降趋势，MK 值小于 0 但未低于 $-1.96$，且 2000 年之后也呈现与降水量相似的变化特征，即略有上升。

基于格点分析各要素的演变趋势，计算得到气候倾向率 $S$ 和 MK 法统计量值，其空间分布如图 3.15 和图 3.16 所示。结果表明，在黄河源区绝大多数地区都能诊断升温趋势显著，中下游升温幅度相对较大；降水增加的地区同样位于黄河源区的中部及下段地区，即流域东南部，降水减少的区域主要集中在达日气象站以上至黄河源头区域，且该区域积雪天数和年均雪深也呈下降趋势。

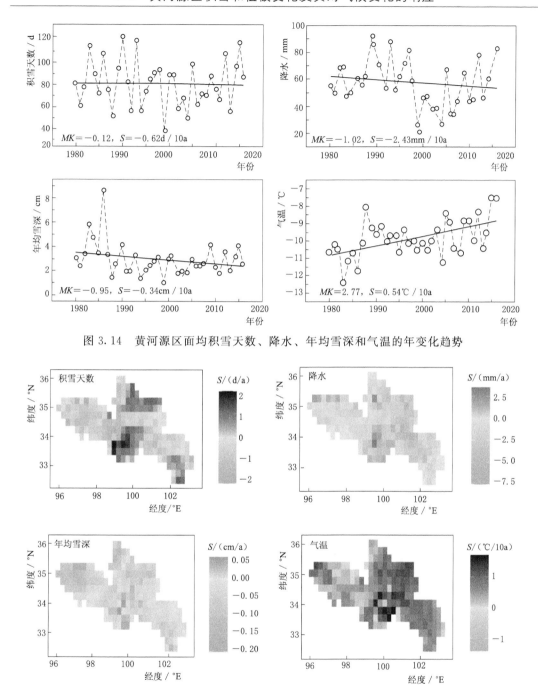

图 3.14　黄河源区面均积雪天数、降水、年均雪深和气温的年变化趋势

图 3.15　黄河源区 1979—2016 年积雪期内积雪天数、降水、年均雪深和气温气候倾向率

依据弹性系数公式，在像元尺度上计算积雪期年均雪深、积雪天数相对于降水、气温的弹性系数，分析比较年均雪深和积雪天数对气候要素的敏感性及其在空间上的分布规律，其结果如图 3.17 所示。总体而言，积雪特征值对降水的弹性系数多为正数，对气温的弹性系数多为负数。在流域尺度上积雪天数对降水、气温的弹性系数分

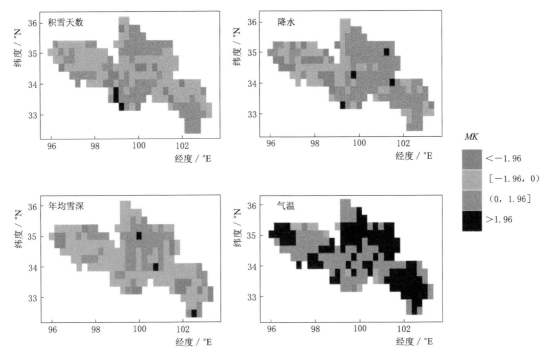

图 3.16 黄河源区 1979—2016 年积雪期内积雪天数、
降水、年均雪深和气温变化趋势 $MK$ 值

别为 0.513 和 $-1.347$，年均雪深对降水、气温的弹性系数分别为 0.696 和 $-0.219$，即积雪期降水增加、气温降低有助于积雪。就弹性系数在黄河源区的空间分布规律（图 3.17）而言，在海拔高、温度低的上游地区，年均雪深对降水、气温的弹性系数绝对值较高，在研究区的中下部地区，弹性系数绝对值较小，表明高山寒冷地区的积雪，对气候变化更为敏感。

以年均雪深和积雪天数分别为因变量，降水、气温为自变量做多元线性回归分析，计算降水、气温对积雪特征值变化的贡献率（图 3.18）。结果表明，黄河源区积雪天数变化的主要驱动因子是降水，降水、气温对积雪天数变化的贡献率分别为 77.2% 和 22.8%，这是因为黄河源区积雪期多在 11 月到次年 4 月之间，该时期流域气温较低，而依据积雪日的定义和划分标准（有积雪观测且积雪深度不小于 1cm 计为一个积雪日）。降水、气温对年均雪深影响贡献的空间异质性较高，就流域面均尺度而言，降水、气温对年均雪深变化的贡献率分别为 43.7% 和 56.3%。从图 3.18 可以看出，降水对黄河源区西部和北部年均雪深变化的贡献率较高，在南部和东部气温是影响年均雪深的优势因素。结合图 3.12，积雪年多年平均降水量东南多、西北少，同样中下游低海拔的地区积雪年多年平均气温相比其他地区较高，所以研究区的东南地区气温是制约积雪的主要因素，而上游地区多年平均气温低于 $-2℃$，导致气温的年代际波动对积雪的形成以及积雪特征值年代际演变的影响不是很显著。

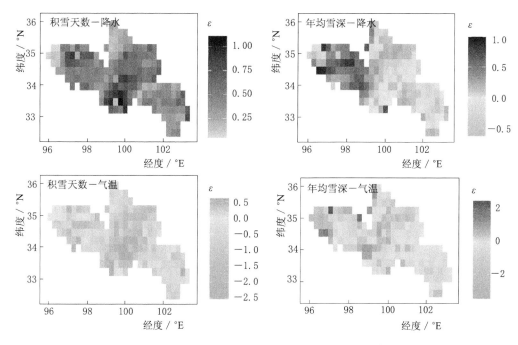

图 3.17 积雪天数和年均雪深对降水、气温的弹性系数

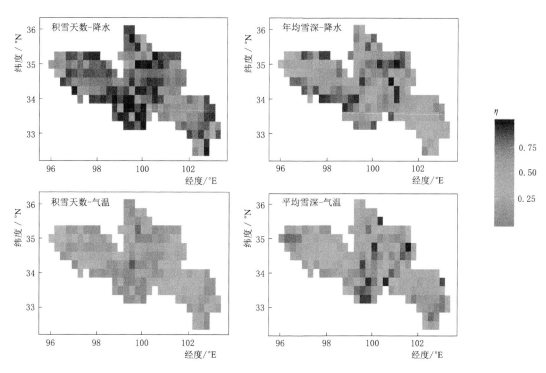

图 3.18 气候要素对积雪日数和年均雪深变化的相对贡献率

## 3.2.3　黄河源区植被 *NDVI* 变化特征及其对气候变化的响应

黄河源区流域 1982—2018 年流域面均 *NDVI* 值为 0.335，1982 年以来年 *NDVI* 变化率为 0.016/10a，*MK* 值为 3.21，表明黄河源区 *NDVI* 值呈现显著的上升趋势，表征流域植被覆盖情况改善态势良好。四个季节流域 *NDVI* 值年际变化情况如图 3.19 所示（图中 *S* 表示 *NDVI* 变化斜率），结果表明各个季节 *NDVI* 值都呈现上升的趋势，而且趋势显著（*MK* 值都在 1.96 之上）；其中夏秋两季（6—11 月）*NDVI* 值增长速率较快，在 0.015/10a 以上；冬春季 *NDVI* 增长率相近，约为 0.013/10a。

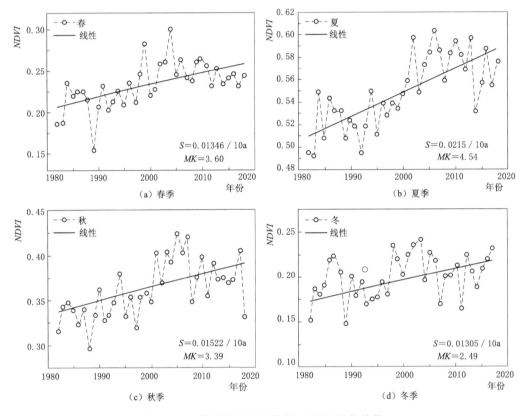

图 3.19　黄河源区不同季节 *NDVI* 变化趋势

为分析黄河源区植被空间演变特征，分别计算各个像元的 *NDVI* 变化率以及 *MK* 值，其空间分布结果如图 3.20 所示，相对应的 *MK* 值频率曲线如图 3.21 所示。结果表明，达日站以下的下游地区 *NDVI* 值的增加趋势比较显著。黄河源头（鄂陵湖、扎陵湖附近及以上地区）*NDVI* 值的变化较不显著，源区中下游地区春、夏、秋季 *NDVI* 值都有显著的上升趋势，超过 95% 的像元 *NDVI* 呈现增长趋势（*MK*>0，见图 3.21），其中 65% 的地区趋势显著（*MK*>1.96，见图 3.21）。综合而言，黄河源区多数地区 *NDVI* 值全年呈现增长趋势，植被状况呈现良好改善态势，而中下部地区这一趋势比源头区更为显著。

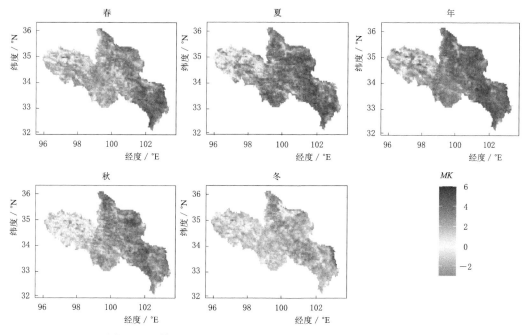

图 3.20 黄河源区 *NDVI* 变化趋势 MK 检验结果空间分布

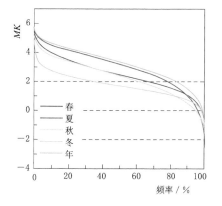

图 3.21 黄河源区 *NDVI* 趋势
检验 *MK* 值超过频率分布曲线

基于 *MK* 趋势检验法，计算并分析了黄河源区以内 8 个代表性气象台站的降水和气温系列的变化趋势（图 3.22）。结果表明，所有气象站点的四季以及年气温呈上升趋势，平均升温率达到了 0.54℃/10a，该结论与张成凤等（2019）和王栋等（2020）研究结果一致。就降水系列演变结果而言（图 3.22），不同站点、不同季节降水量的变化趋势存在差异，在春季多数站点降水呈现增加趋势，但是趋势不显著（*MK*<1.96），源头区玛多站和下部河南站、兴海站春季降水未发生显著变化；夏季降水量变化率最大，但 MK 检验结果表明趋势不显著；而所有气象站点冬季的降水都呈现减少趋势，黄河源头地区的玛多站和研究区下游减少趋势显著。就年降水系列而言，其变化趋势不明显，*MK* 值介于−0.5～0.5。

为分析气候要素对黄河源区植被状况变化的影响，选择降水和气温两个气候因子分析其与 *NDVI* 变化的相关关系，各季节的 Pearson 相关系数如图 3.23 所示，统计相关系数分布情况如图 3.24 所示，描述相关关系显著性的 P. value 的空间分布情况如图 3.25 所示。

图 3.23 显示 1982—2018 年源区内 *NDVI* 与降水多呈负相关关系，尤其是在冬季，相关系数基本低于 0，从图 3.25 可以看出绝大多数地区负相关关系显著，

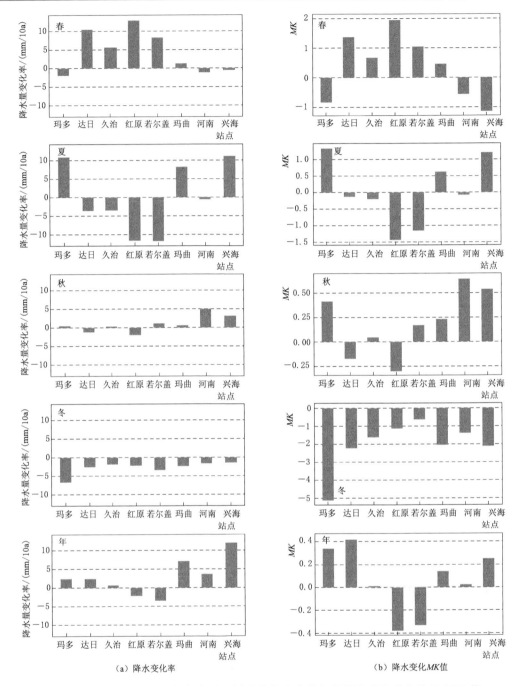

图 3.22 黄河源区 8 个气象台站不同季节降水变化气候倾向率和趋势检验 MK 值

P. value 小于 0.05。春季约有超过 32% 的地区相关系数在 0 以上，主要集中于黄河源区东南较为湿润的中游地区（久治—玛曲一带），说明春季该地区雨量增加有助于植被生长，对 NDVI 的增长起到正面作用，从图 3.19 也可以看出久治—玛曲一带春季 NDVI 增长格外显著，MK 值多在 4 以上。在秋季，降水和 NDVI 之间的相关系数

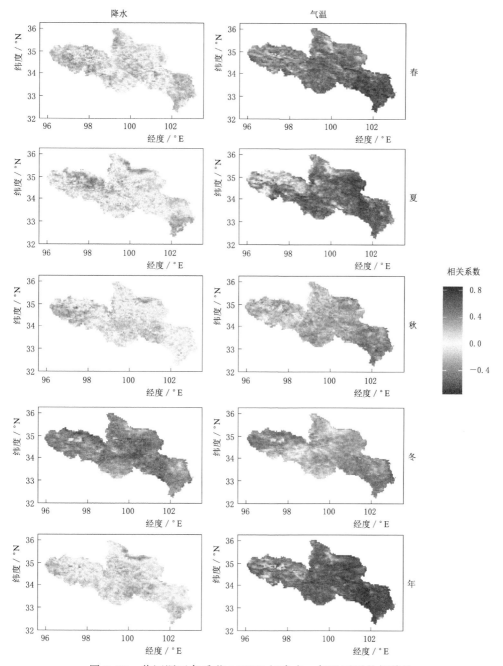

图 3.23　黄河源区各季节 NDVI 与降水、气温因子的相关性

绝大多数在 $-0.2$ 和 $0.2$ 之间，中下游地区相关系数值在 0 附近，P. values 大于 0.05，且各气象站秋季降水无明显变化趋势，变率在 5mm/10a 以内，表明秋季降水与 ND-VI 变化无显著关系。在夏季，约有超过 50％ 的地区相关系数在 0 以上，主要集中于流域的源头区（鄂陵湖、扎陵湖周边，玛多县一带），玛多气象站观测到的夏季降水年增长率为 10mm/a，对植被生长以及流域植被覆盖状况的改善具有促进作用。

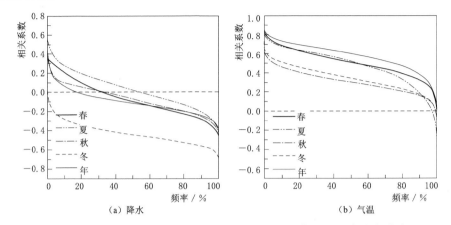

(a) 降水　　　　　　　　　　　(b) 气温

图 3.24　黄河源区降水和气温与 NDVI 相关系数超过频率分布曲线

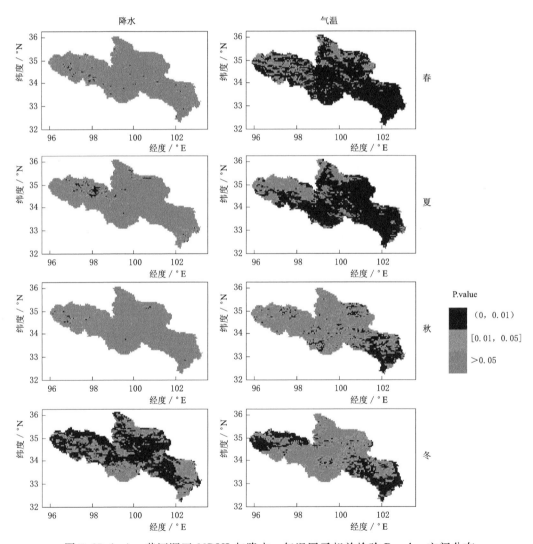

图 3.25（一）　黄河源区 NDVI 与降水、气温因子相关检验 P.value 空间分布

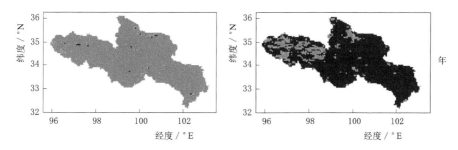

图 3.25（二） 黄河源区 $NDVI$ 与降水、气温因子相关检验 P. value 空间分布

气温对 $NDVI$ 演变的影响分析结果表明，黄河源区 $NDVI$ 与气温呈正相关。就年尺度以及春夏两季而言，气温升高有利于植被生长，且这种正面促进作用十分显著。相比春夏两季，秋冬气温与 $NDVI$ 的相关系数较小，其超过频率曲线在春夏两季的下方，相关系数为 $0.2 \sim 0.6$，相较而言，显著的相关性（P. value $<0.05$）多发生在黄河源区东南部的湿润地区。

除了气候波动影响植被生长外，人类活动在一定程度上对下垫面特征的改变也会起到显著影响作用。为了分析不同历史阶段 $NDVI$ 变化特征以及影响因子，对黄河源区 1982—2018 年均的 $NDVI$ 做阶段性检验分析，图 3.26 给出了黄河源区 $NDVI$ 演变的阶段性检验结果。有序聚类法检验结果表明，黄河源区 $NDVI$ 系列在 1999 年发生显著性改变 [见图 3.26 （b）]，且图 3.26 （a） 也表明，1999 年前后 $NDVI$ 具有不同的演变趋势，1982—1999 年间 $NDVI$ 呈现上升趋势，气候倾向率 $S$ 为 0.0177/10a，2000—2018 年间 $NDVI$ 呈现微弱的减小趋势，不过整体处于高值阶段。

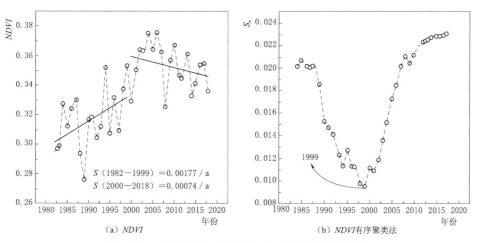

$S$ （1982—1999） =0.00177 / a
$S$ （2000—2018） =0.00074 / a

（a） $NDVI$

1999

（b） $NDVI$ 有序聚类法

图 3.26 黄河源区 $NDVI$ 变化的阶段性特征检验

基于以上分析结果，将 1982—2018 年以 2000 年为节点划分为两个历史阶段，计算两个时期 $NDVI$ 残差的多年平均值其空间分布如图 3.27 所示，其超过频率曲线见图 3.28。残差分析结果表明，1982—2000 年阶段夏秋两季，超过 90% 的地区残差多年平均值小于 0，而 2000 年之后 （2001—2018 年） 超过 90% 的地区残差均值大于

0（图 3.28），达日站—久治站区间和河南站—兴海站区间尤为明显（图 3.27），说明人类活动对该地区植被的影响较为显著，即 2000 年之前该地区受人类活动影响，*NDVI* 值较预测值偏小，2000 年之后人类活动的影响对植被生长其正面作用，实测 *NDVI* 值大于预测值。就年系列而言，2000 年之后人类活动所导致的植被退化情势减缓，黄河源区植被情况得到一定的改善。

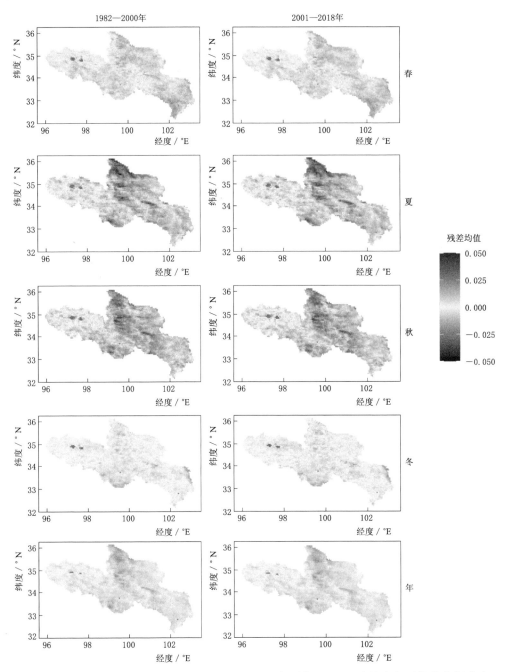

图 3.27   黄河源区 1982—2000 年和 2001—2018 年时期 *NDVI* 残差多年平均值空间分布

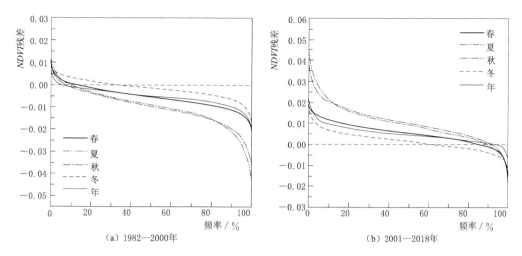

图 3.28 1982—2000 年和 2001—2018 年时期 $NDVI$ 残差均值超过频率分布曲线

## 3.3 清流河流域植被变化及其对气候变化的响应

### 3.3.1 资料来源

本研究收集的数据包括气象数据和 Landsat 影像数据等，资料系列为 1988 年 12 月至 2015 年 2 月。

（1）气候数据。流域内及周边 20 个气象站的平均温度（$T_{mean}$）、最低温度（$T_{min}$）、最高温度（$T_{max}$）和降水的日观测数据，从中国气象局网站上获得。由于缺少 CMA 提供的每日蒸发数据的大部分，研究区每月的蒸发量从安徽省气象局收集。此外，7 个雨量计的月降水量数据由安徽省水文局提供。

（2）Landsat 数据，$EVI$ 数据以及 $DEM$。从 1988 年 12 月到 2015 年 2 月的所有可用的研究区域的云覆盖率低于 90% 的 1 级地形（L1T）Landsat 5，Landsat 7，Landsat 8 图像从美国地质调查局网站上下载。Landsat 5 上的 Thematic Mapper（TM）、Landsat 7 上的增强型专题 Mapper Plus（ETM+）和 Landsat 8 上的 Operational Land Imager（OLI）的所有 Landsat 图像总数为 485。

相应地，从美国地质调查局网站下载涵盖相同时间段的 $EVI$ 图像。这些图像已经通过校准（Pinzon、Tucker，2014）。空间分辨率为 30m×30m 的 DEM 数据可从中国地理空间数据云网站上下载。中国资源卫星数据与应用中心提供分辨率为 2m×2m 的 GF-1 高清图像。

### 3.3.2 清流河流域土地利用变化

将清流河流域土地利用分为 5 类，即林地、耕地、建设用地、水体和裸地。利用连续土地利用变化检测与分类（CCDC）算法（Zhu、Woodcock，2014）对 1989—2012 年云覆盖率小于 90% 的 485 景 Landsat 图像进行土地利用分类，得到 1989—2012 年逐月土地利用分类结果。

图 3.29 展示了 1989 年和 2012 年的土地利用分类，表 3.7 统计给出了 1989—2012 年的土地利用转移矩阵。图 3.30 具体展示给出了 1989—2012 年逐年土地利用发生变化的区域。由表 3.7 可以看出，清流河流域主要的土地利用类型是林地，其次是耕地，1989—2012 年林地占比为 51.77%～53.63%，耕地占比为 34.72%～36.8%。1989—2012 年整个流域约 28% 的区域发生土地利用类型的变化，其中，建设用地从 1989 年的 5.15% 扩张到 2012 年的 7.62%。约有 35.58km² 的其他土地利用类型转化成建设用地，其中，转化的林地为 15.13km²，转化的耕地约 18.63km²，可见，人类活动对土地利用的影响不可忽视。

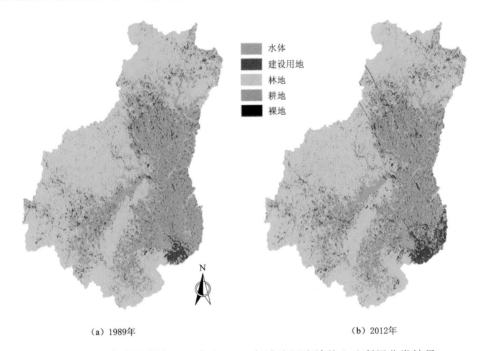

水体
建设用地
林地
耕地
裸地

N

(a) 1989年　　　　　　　　　　　　　　(b) 2012年

图 3.29　清流河流域 1989 年和 2012 年清流河流域的土地利用分类结果

表 3.7　　　　　　　清流河流域 1989 年、2012 年土地利用转移矩阵

| 1989 年 | 2012 年 | | | | | | 百分比/% |
|---|---|---|---|---|---|---|---|
| | 水体 | 建设用地 | 林地 | 耕地 | 裸地 | 总计 | |
| 水体 | 36.8 | 1.1 | 2.8 | 1.05 | 0 | 41.75 | 3.9 |
| 建设用地 | 0.94 | 47.04 | 3.65 | 3.81 | 0 | 55.44 | 5.18 |
| 林地 | 2.34 | 15.13 | 531.99 | 22.79 | 0 | 572.25 | 53.49 |
| 耕地 | 6.01 | 18.63 | 25 | 340.23 | 0 | 389.87 | 36.44 |

续表

| 1989 年 | 2012 年 | | | | | | 百分比 /% |
| --- | --- | --- | --- | --- | --- | --- | --- |
| | 水体 | 建设用地 | 林地 | 耕地 | 裸地 | 总计 | |
| 裸地 | 0.09 | 0.72 | 1.27 | 0.65 | 7.9 | 10.62 | 0.99 |
| 总计 | 46.18 | 82.62 | 564.71 | 368.52 | 7.9 | 1069.93 | |
| 百分比/% | 4.32 | 7.72 | 52.78 | 34.44 | 0.74 | | |

图 3.30 给出了 1989—2012 年清流河流域相对于 1988 年的土地利用变化，连续土地覆盖分类结果统计表明，与 1988 年 12 月的森林比例相比，22.07% 的森林面积经历了土地覆盖变化，包括人为活动造成的森林砍伐和人工造林。因此，在研究气候变化对林地覆盖变化的影响时，应排除人为引起的林地变化。本研究选取研究时段内被林地永久覆盖的像素（像元数量为 495477，占清流河流域总面积的 41.77%）以供进一步分析。

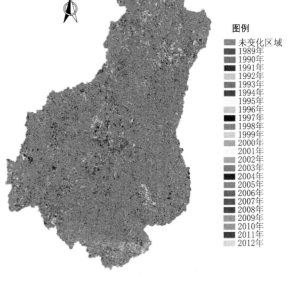

图 3.30 清流河流域相对于 1988 年土地覆盖的变化（1989—2012 年）

### 3.3.3 清流河流域气候变化驱动下的林地覆盖变化

（1）在流域尺度上。为了表示流域尺度上的林地 EVI 水平，对所有已识别的林地像素的 EVI 进行平均。图 3.31 和图 3.32 分别给出了 EVI 的年际和年内变化。

图 3.31 给出了清流河流域 1989—2014 年间年均和年最大 EVI 以及季节平均 EVI 的变化趋势。总体而言，不同尺度（年和季节）EVI 均呈现出增加趋势。为评估 EVI 的年内变化，图 3.32 给出了基于多年的 EVI 年内变化箱线图。由图可见，EVI 在 7 月达到了最高值，在 12 月和 1 月达到最低值，EVI 的年内变化与植被物候的季节特征一致。

采用 Mann Kendall 方法检测了清流河流域年均温度和 EVI 的变化趋势及其显著性（图 3.33），由图 3.33 可以看出，温度在 1994 年发生突变，并且自 2000 年以来升温显著，EVI 在 2004 年前后发生突变，这可能是气候变化累积滞后效应所致。

为进一步研究气候变化对森林覆盖的影响，以 2000 年为分界将整个研究期分为两个时段：第一时段为 1989—2000 年，第二时段为 2001—2014 年。考虑到 EVI 明显

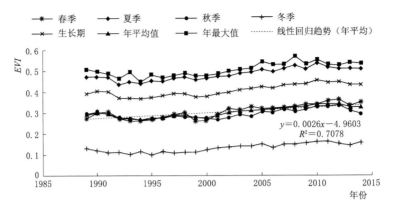

图 3.31    1989—2014 年清流河流域不同尺度（年、季）EVI 的年际变化

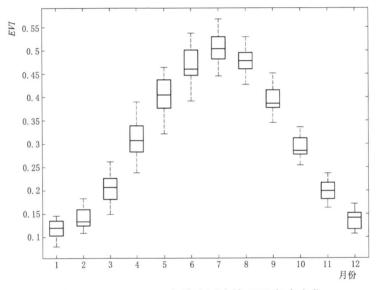

图 3.32    1989—2014 年清流河流域 EVI 年内变化

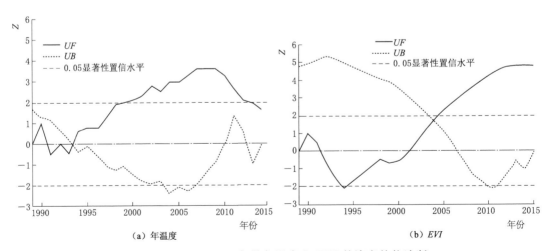

图 3.33    1989—2014 年的年温度和 EVI 的演变趋势诊断

的季节性特征，分别从三个阶段（1989—2000年、2001—2014年、1989—2014年）分析诊断季节和年 $EVI$ 的变化趋势和趋势变化率（表3.8）。四季定义为：春季为3—5月，夏季为6—8月，秋季为9—11月，冬季为12月至次年2月；生长季节定义为4—10月。

由表3.8可以发现，在整个研究期间，年度和季节性 $EVI$ 均显著增加（ $P <$ 0.01， $Z_{MK} > 2.32$ ），但在1989—2000年期间无显著减少（ $P > 0.05$ ）在2001—2014年期间显著增加（ $P < 0.01$ ）。

**表3.8**                          **清流河流域季节和年度 $EVI$ 趋势统计**

| 时间尺度 | 1989—2000年变化率 /(1/10a) | 2001—2014年变化率 /(1/10a) | 1989—2014年 | |
|---|---|---|---|---|
| | | | 变化率/(1/10a) | $Z_{MK}$ |
| 春季 | −0.011 | 0.038** | 0.036** | 4.85** |
| 夏季 | −0.001 | 0.031** | 0.031** | 4.72** |
| 秋季 | −0.019 | 0.035** | 0.017** | 2.95** |
| 冬季 | −0.004 | 0.019** | 0.022** | 4.72** |
| 生长季 | −0.011 | 0.037** | 0.030** | 4.63** |
| 全年平均 | −0.011 | 0.031** | 0.026** | 4.81** |
| 全年最大 | −0.017 | 0.032* | 0.031** | 3.92** |

**注**   ** 和 * 的平均显著性水平（ $\alpha$ ）分别为0.01和0.05。 $Z_{1-\alpha/2}$ 的对应值分别为2.32和1.96。正 $Z_{MK}$ 表示增加趋势，而负 $Z_{MK}$ 表示趋势减少。如果 $|Z_{MK}| > Z_{1-\alpha/2}$ ，则时间序列中存在显著趋势。

（2）在像元尺度上。基于每个林地像元的 $EVI$ 时间序列，分析了三个阶段（1989—2000年、2001—2014年和1989—2014年）季节 $EVI$ 的变化趋势，图3.34给出了清流河流域不同季节 $EVI$ 变化趋势的空间分布，表3.9统计给出了不同 $EVI$ 变化趋势率区间像元数/区域面积所占的比例。由图3.34和表3.9结果可以看出：

1）1989—2000年的 $EVI$ 退化（ $EVI$ 的趋势倾向率为负值）率为68.1%（53.3%~77.5%），2001—2014年的 $EVI$ 增长（ $EVI$ 的趋势倾向率为正值）率为87.4%（77.0%~89.8%），整个研究期间的 $EVI$ 增长率为96.3%（87.8%~97.7%）。像素尺度上 $EVI$ 变化趋势与流域尺度上的变化趋势一致。此外， $EVI$ 的空间分布在1989—2000年最大，其次是2001—2014年。

2）无论 $EVI$ 是增加还是减少，大多数像元（超过90%） $EVI$ 的变化幅度约为1%/a。 $EVI$ 变幅超过1%/a的像素数目很少，几乎可以忽略不计。

3）季节尺度上，秋季或冬季 $EVI$ 在三个阶段大部分区域都呈现减少趋势，夏季或春季 $EVI$ 在大部分区域呈现增加趋势。例如，在1989—2000年， $EVI$ 退化的最大比例发生在秋季（为77.2%）， $EVI$ 增长的最高比例发生在春季（为85.7%）。这可能是因为森林在春季开始生长，并在夏季达到最高， $EVI$ 呈现增加；在秋季和冬季，森林接近生长末期， $EVI$ 出现退化。

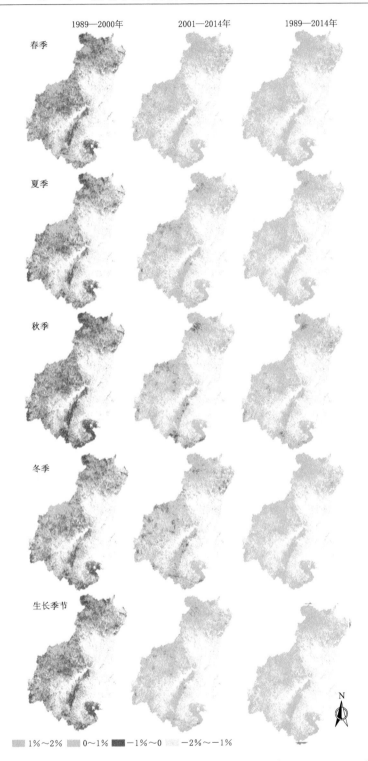

图 3.34　基于简单线性趋势法的三个阶段（1989—2000 年、2001—2014 年和
1989—2014 年）清流河流域的像素尺度季节性 *EVI* 变化趋势

表3.9 清流河流域不同 *EVI* 变化范围的像元数目占比

| 尺 度 | 年 份 | $(-2\%\sim-1\%)/a$ | $(-1\%\sim0)/a$ | $(0\sim1\%)/a$ | $(1\%\sim2\%)/a$ |
|---|---|---|---|---|---|
| 春季 | 1989—2000 | 0.2% | 66.0% | 33.7% | 0.1% |
| | 2001—2014 | 0.1% | 10.5% | 85.7% | 3.7% |
| | 1989—2014 | — | 3.9% | 96.1% | — |
| 夏季 | 1989—2000 | 0.1% | 53.2% | 46.3% | 0.4% |
| | 2001—2014 | 0.3% | 14.4% | 83.5% | 1.8% |
| | 1989—2014 | — | 2.3% | 97.7% | — |
| 秋季 | 1989—2000 | 0.3% | 77.2% | 22.5% | — |
| | 2001—2014 | 0.2% | 14.4% | 80.1% | 5.3% |
| | 1989—2014 | — | 12.2% | 87.8% | — |
| 冬季 | 1989—2000 | — | 56.8% | 43.1% | 0.1% |
| | 2001—2014 | 0.1% | 22.9% | 75.8% | 1.2% |
| | 1989—2014 | — | 4.2% | 95.8% | — |
| 生长季 | 1989—2000 | 0.2% | 66.2% | 33.5% | 0.1% |
| | 2001—2014 | 0.2% | 10.0% | 85.9% | 3.9% |
| | 1989—2014 | — | 3.6% | 96.4% | — |
| 全年 | 1989—2000 | 0.1% | 68.0% | 31.8% | 0.1% |
| | 2001—2014 | 0.1% | 12.5% | 85.2% | 2.2% |
| | 1989—2014 | — | 3.7% | 96.3% | — |

**注** 已识别的森林像素总数为496559。

为进一步研究 *EVI* 变化是否显著，图3.35展示了三个不同阶段季节及年均 *EVI* 变化显著性的空间分布。总体而言，大部分（>80%）森林像元的年度和季节性 *EVI* 呈现出了显著变化。以生长季平均 *EVI* 为例，1989—2000 年 86.0% 的森林像元的 *EVI* 发生了显著变化（$P<0.05$），1989—2014 年和 2001—2014 年 *EVI* 变化显著的比例分别占 55.8% 和 97.2%。

## 3.3.4 森林 *EVI* 的空间分布

图3.36给出了1989—2014年均和季节平均 *EVI* 的空间分布。结合河流水系和 DEM，可以发现大多数森林分布在流域边界地区，特别是河源地区和丘陵的中间带状区域，可见 *EVI* 空间分布与海拔高度和水系位置相关。*EVI* 的空间分布在不同阶段和不同季节尺度上存在差异，夏季和生长季节 *EVI* 相对较高，对于另外两个阶段（1989—2000 年和 2001—2014 年），*EVI* 的空间分布与此类似，即高程与河流水系对植被生长的影响较为明显。

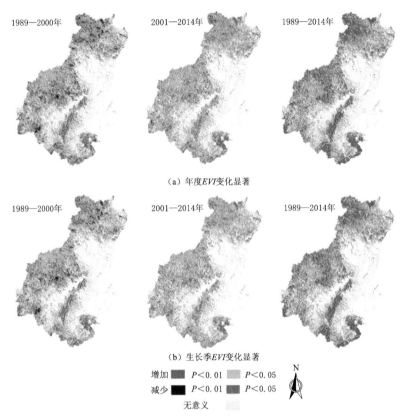

图 3.35　清流河流域 *EVI* 变化对像素尺度的影响

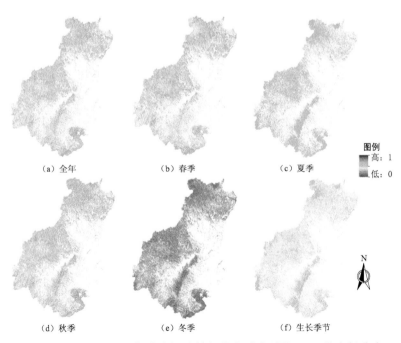

图 3.36　1989—2014 年清流河流域年均和季节平均 *EVI* 的空间分布

## 3.3.5 清流河流域林地 $EVI$ 变化对气候变化的响应

表 3.10 分析了流域 $EVI$ 与降水、温度和蒸发量之间的偏相关系性（Partial Correlation Coefficient，PCC）。结果表明：

（1）在不同的时间尺度上，控制 $EVI$ 的主要气候因子可能不同。例如，在夏季、生长季、月尺度和年尺度上，最低温度（$T_{min}$）与 $EVI$ 的偏相关系数最大；而在冬季，蒸散发与 $EVI$ 的偏相关系数最大。在春、秋季节，气候因素与 $EVI$ 的相关性均较弱。由此说明，蒸散发是冬季森林覆盖的主要控制因素，而最低温度对夏季 $EVI$ 和月尺度、年尺度上 $EVI$ 具有重要影响。此外，在月尺度上，温度和降水均是影响森林覆盖的两个主要因素。

（2）不同气候因子与 $EVI$ 之间的偏相关性在不同季节和时间尺度上也存在差异。例如，冬季 $EVI$ 与降水之间的相关性最高（$PCC$ 为 $-0.434$），而温度在月尺度上与 $EVI$ 的偏相关性非常显著，偏相关系数为 $0.739 \sim 0.798$，蒸散发与夏季 $EVI$ 呈现显著的负相关性，偏相关系数约为 $-0.720$。

（3）此外，发现月降水量，温度和 $EVI$ 的偏相关性均高于年尺度气候因子与 $EVI$ 的相关性。

**表 3.10    流域尺度森林 $EVI$ 与不同尺度气候变量之间的偏相关系数**

| 时间尺度 | $EVI-P_{re}$ | $EVI-T_{max}$ | $EVI-T_{mean}$ | $EVI-T_{min}$ | $EVI-E_{vp}$ |
|---|---|---|---|---|---|
| 春季 | 0.233 | 0.203 | 0.262 | 0.222 | 0.192 |
| 夏季 | $-0.053$ | 0.583** | 0.737** | 0.766** | $-0.720$** |
| 秋季 | $-0.158$ | $-0.029$ | 0.008 | 0.049 | $-0.400$ |
| 冬季 | $-0.431$* | 0.133 | 0.104 | 0.107 | $-0.485$* |
| 生长季 | 0.061 | 0.415* | 0.523** | 0.523** | $-0.354$ |
| 月度 | 0.317g** | 0.739** | 0.793** | 0.798** | 0.017 |
| 全年 | $-0.068$ | 0.348 | 0.399 | 0.409* | $-0.368$ |

**注**　$EVI$ 为植被指数增强；$P_{re}$ 为降水；$T_{min}$ 为最低温度；$T_{mean}$ 为平均温度；$T_{max}$ 为最高温度；$E_{vp}$ 为水面蒸发。* 和 ** 分别代表 0.05 和 0.01 的显著性水平。正值表示 $EVI$ 与气候变量之间存在正相关，而负值表示负相关。

为了研究气候对森林覆盖的滞后效应，分析气候因子与不同滞时 $EVI$ 之间的偏相关系数，研究设立了 14 种不同的滞时，即相应与 $EVI$ 的时段分别提前 1 个月、2 个月、3 个月以及前 2 个月到前 12 个月的累积，图 3.37 给出了 $EVI$ 与 14 种前期气候要素变量之间的偏相关系数，可以发现，$EVI$ 与当月温度高低相关，上月（提前一个月）降水与 $EVI$ 的偏相关性（0.343）高于 $EVI$ 与当月降水的相关性（0.317）。前期两个月的蒸散发与 $EVI$ 的偏相关系数（0.385）高于当月蒸散发与 $EVI$ 的相关性（0.017）。随着积累滞后（$2 \sim 12$ 个月）的增加，降水、蒸散发与 $EVI$ 之间的相关性呈现先增加后下降的态势。前期 3～4 个月的降水和蒸散发与 $EVI$ 的偏相关系数最高，分别为 0.460 和 0.515。上述结果表明，降水和蒸散发对森林 $EVI$ 具有 3～4 个月的滞后效应，而温度对 $EVI$ 影响的滞后效应不明显。

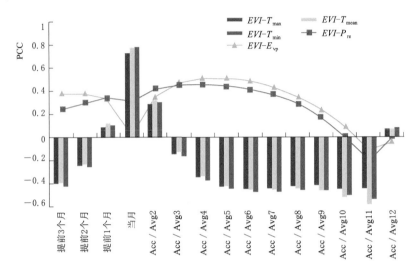

注：$Acc/Avg$ ($i$，$i=2$，3，4，…，12) 表示累积降水量和 $i$ 个月的平均温度。

图 3.37　气候因素对 $EVI$ 的滞后效应

　　由于缺乏像元尺度的蒸散发数据，因此，在像元尺度上仅分析 $EVI$ 与降水、温度之间的偏相关性。研究发现，与 $T_{mean}$ 和 $T_{max}$ 相比，$T_{min}$ 与 $EVI$ 在月尺度、年尺度上具有更高的偏相关性。因此，在月尺度、年尺度上仅研究 $EVI$ 与最低温度、降水之间的偏相关关系。

　　基于月尺度数据，图 3.38 给出了 $EVI$ 与月降水量、月最低气温之间偏相关系数的空间分布；图 3.39 给出了年尺度上 $EVI$ 与年降水量、年最低气温之间偏相关系数的空间分布。可以明显看出，$EVI$ 与降水量、最低气温之间在月尺度上的偏相关系数普遍高于年尺度上的偏相关系数。相比而言，无论在月尺度、年尺度上，$EVI$ 和最低温度之间的相关性都高于 $EVI$ 和降水之间的相关性。分析认为，这可能是由于 $EVI$ 主要依赖于近红外和红色波段（Fang et al.，2018）。此外，植被覆盖增加的区域可能会导致降水量普遍减少，这与以往的研究发现总体是一致的（Donohue et al.，2009）。

　　由图 3.38 可以看出，在月尺度上，所有像素区 $EVI$ 均与降水呈现正相关关系，在高海拔地区二者的偏相关系数相对较低，为 0～0.2；相比而言，$EVI$ 与最低温度之间的正相关性较高，并且相关性的空间差异不大。统计结果表明，69.9% 的像素区 $EVI$ 和降水之间的偏相关系数为 0.2～0.4，约 28.1% 像素区的 $EVI$ 与降水量之间相关系数低于 0.2；而 97% 以上的像素区，$EVI$ 与最低温度的相关系数大于 0.8。

　　在年尺度上，$EVI$ 和气候因子（降水和最低温度）之间相关性有正有负，统计结果表明，63.0% 的像素区域内，降水与 $EVI$ 的偏相关系数为 0～0.2；33.6% 的像素

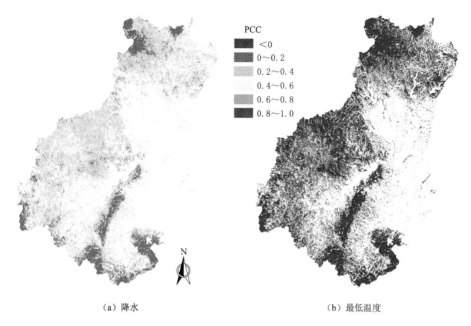

（a）降水　　　　　　　　　　　　　（b）最低温度

图 3.38　月尺度上 *EVI* 和降水、最低温度之间的偏相关系数

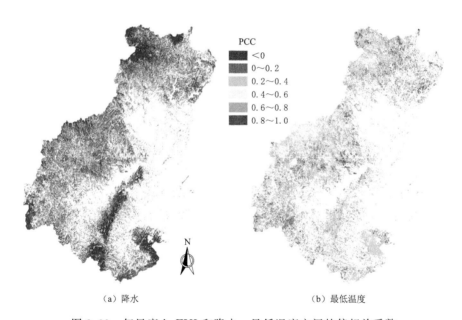

（a）降水　　　　　　　　　　　　　（b）最低温度

图 3.39　年尺度上 *EVI* 和降水、最低温度之间的偏相关系数

区域内二者的相关系数为负，而这些区域主要集中在海拔较高和降水较多的地区；*EVI* 与最小温度之间偏相关系数为 0.2～0.4 和 0.4～0.6 范围内的像素比例分别为 48.3％和 20.9％。

　　由表 3.9 可知，气候因子和 *EVI* 在月度尺度上表现出良好的相关性，其中温度（特别是最低温度）和降水是 *EVI* 的两个主要控制因素。由于平均温度和最低温

度均与 $EVI$ 呈高度偏相关，平均温度数据相对容易收集，因此选择平均温度、降水量来建立与 $EVI$ 的定量关系。这两个因子的选择也在一定程度上反映了水和能量是植被生长的两个关键因素。

为了直观地说明 $EVI$ 和气候因素之间的关系，图 3.40 给出了 $EVI$ 和降水、气温的散点图，可以发现，$EVI$ 与平均温度具有高线性相关性，在降水超过约 200mm/月的阈值后，$EVI$ 在约 0.45 处保持稳定水平。

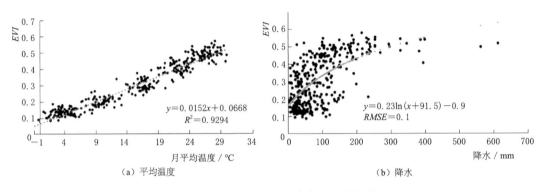

| (a) 平均温度 | (b) 降水 |
| --- | --- |

图 3.40　$EVI$ 与平均温度、降水之间的相关关系

基于最小二乘法，式（3.21）给出了不同降水条件下 $EVI$ 和气候因子之间在月尺度上的定量关系。统计结果表明，对于低于和高于 200mm 降水量情况下的均方根误差分别为 0.0346 和 0.0277。

$$EVI = \begin{cases} 0.0143T_{\mathrm{mean}} + 0.0091\mathrm{Ln}(P) + 0.414, & P < 200\mathrm{mm} \\ 0.0158T_{\mathrm{mean}} + 0.0757, & P \geqslant 200\mathrm{mm} \end{cases} \tag{3.21}$$

式中：$EVI$ 为植被增强指数；$T_{\mathrm{mean}}$ 为月平均温度；$P$ 为月降水量。

结合清流河流域长序列的气候、植被变化，可以发现：①相对于 1988 年 12 月的森林覆盖率，22.07% 的森林面积发生了土地覆盖变化，包括砍伐森林和重新造林；②$EVI$ 在整个期间（1989—2014 年）呈现显著增加趋势，其中，在 2001—2014 年期间增加显著，在 1989—2000 年期间呈现减少趋势；降水和蒸散发对森林 $EVI$ 呈现累积滞后效应（4 个月），而温度没有滞后效应。

# 3.4　本章小结

本章介绍了不同典型流域的下垫面演变特征及其对气候要素的响应。漳河流域各植被类型 $LAI$ 在研究时段均呈显著增加。$LAI$ 在年尺度和生长期尺度上与降水的关系明显较好，相关系数可达到 0.7 以上，与温度的相关性较差，普遍在 0.5 以下，但 4 月 $LAI$ 与温度亦有较好的关系。黄河源区西部源头区和北部边界区积雪期开始较早、持续时间较长；研究时段内积雪深和积雪日期都呈不显著的下降趋势；西部和北部年均雪深变化主要受降水影响，而在南部和东部气温则对年均雪深的变化贡献较多；各季节 $NDVI$ 均呈现增加趋势，$NDVI$ 对降水和气温的响应关系在各季节有所不同，总的来说，春夏季节的降水和温度增加有助于植被生长。清流河年际及各季节的 $EVI$ 均显著增加，森林 $EVI$ 对降水和蒸散发的响应呈现约 4 个月的累积滞后效应；月尺度上，$EVI$ 和温度呈现较好的线性相关关系，而 $EVI$ 对降水的响应则以 200mm 降水阈值为限，超过该值则降水变化不再引起明显的 $EVI$ 变化。

# 第4章 变化环境下流域径流演变特征

## 4.1 分析方法

### 4.1.1 趋势检验法

线性回归法和 Mann – Kendall 检验法是两种常用的趋势检验测定方法。

（1）线性回归法。利用线性回归法计算要素的变化率，即气候倾向率，用来反映要素变化的方向和剧烈程度。其计算表达式为

$$y = slope \cdot x + \delta \tag{4.1}$$

式中：$x$ 为自变量，一般为时间；$y$ 为研究对象的时间序列，如径流量、降水量序列等；$slope$ 和 $\delta$ 分别为两个回归系数，$slope$（简写为 $S$）是计算要素的变化率，$\delta$ 为回归残差。这两个回归参数可以通过最小二乘法确定，其计算公式为

$$slope = \frac{n \sum y \cdot x - \sum y \cdot \sum x}{n \sum x^2 - (\sum x)^2} \tag{4.2}$$

$$\delta = \overline{y} - slope \cdot \overline{x} \tag{4.3}$$

式中：$\overline{x}$ 和 $\overline{y}$ 分别为系列 $x$ 和 $y$ 的均值；$n$ 为系列样本数。

（2）非参数统计学检验方法 Mann – Kendall 趋势检验法（简称 MK 法）。该方法可以诊断水文气象要素时间序列演变的趋势特征及其显著性，是水文要素非一致性分析中常用的方法。MK 法不需要样本遵循统一的分布，适用于水文、气象等非正态分布的数据，而且较少受到少数极值的干扰，具有检验范围宽、受人为影响小的优点（管晓祥 等，2018）。MK 法中统计量 $\tau$、方差 $\sigma^2$、标准化统计量 $Z_s$（也称为 $MK$ 值）的计算公式（Mann，1945；Kendall，1975）分别为

$$\tau = \frac{4P}{N(N-1)} - 1 \tag{4.4}$$

$$\sigma^2 = \frac{2(2N+9)}{9N(N-1)} \tag{4.5}$$

$$Z_s = \tau / \sigma \tag{4.6}$$

式中：$P$ 为研究系列的所有观测值中 $x_i < x_j$ 出现的次数；$N$ 为系列长度。当统计量 $Z_s$ 不满足 $-Z_{1-\alpha/2} \leqslant Z_s \leqslant Z_{1-\alpha/2}$（$\alpha$ 为给定的显著水平）时，即表明序列具有显著的变化趋势，反之，趋势不显著。当给定显著水平 $\alpha = 0.05$ 时，临界值为 $\pm 1.96$。统计量 $MK$ 值的绝对值大于 1.96 时，即说明趋势在 0.05 置信水平上显著，$MK$ 为正值表

示增加趋势，负值表示减少趋势（张建云 等，2020）。

## 4.1.2 降水径流关系阶段性特征检验方法

（1）双累积曲线法。该方法是一种常用的检验两个系列之间关系一致性或者变化的方法。具有直观、有效的优点（管晓祥 等，2019）。双累积曲线是指同坐标系中绘制同一个研究期内两个系列的连续累积值，其关系线反映了两个要素之间的阶段性特征。该方法常应用于一致性检验和阶段性检验。设两个系列分别为 $x\{x_1, \cdots, x_n\}$ 和 $y\{y_1, \cdots, y_n\}$，其计算表达式为

$$ACx_i = \sum_{j=1}^{i} x_j, (i=2,\cdots,n) \tag{4.7}$$

$$ACy_i = \sum_{j=1}^{i} y_j, (i=2,\cdots,n) \tag{4.8}$$

$$ACx_1 = x_1, ACy_1 = y_1 \tag{4.9}$$

式中：$x$ 和 $y$ 分别为两个要素系列；$n$ 为系列长度；$ACx$ 和 $ACy$ 分别为要素 $x$ 和 $y$ 的累积序列。

（2）有序聚类法。该方法推估突变点的实质是寻求最优分割点，其基本原则是使同类之间的离差平方和较小（管晓祥 等，2018）。首先假设突变点，之后计算突变点前后的两个系列的离差平方和，绘制总的离差平方和曲线，曲线特征即反映了系列的阶段性突变情况。设研究要素系列为 $x\{x_1, \cdots, x_n\}$，有序聚类法的具体计算公式如下：

$$V_t = \sum_{i=1}^{t} (x_i - \overline{x_t})^2 \tag{4.10}$$

$$V_{n-t} = \sum_{i=t+1}^{n} (x_i - \overline{x_{n-t}})^2 \tag{4.11}$$

式中：$\overline{x_t}$、$\overline{x_{n-t}}$ 分别为突变点 $t$ 前后两个系列的均值，则总离差平方和为

$$S_n(t) = V_t + V_{n-t} \tag{4.12}$$

当 $S = \min\limits_{2<t<n-1} \{S_n(t)\}$（$S_n$ 最小）时的 $t$ 则为最优二分割点，即可认为是序列的突变点，该方法操作简单，结果直观有效。

## 4.1.3 径流组成划分方法

社会经济的快速发展，对精确的洪水预报提出更高的要求。在目前洪水预报和模拟中，人们似乎更重视洪峰流量的预报和模拟精度。而对于年调节水利工程而言，洪峰之后的退水过程直接关系到可蓄水量的多寡和水库的调度运行方案，因此，对退水过程的精确模拟同样至关重要。随着流域内的人类活动加剧，下垫面变化势必影响流域的产汇流条件，进而对退水规律产生一定的影响。分析模拟场次洪水的退水过程，是径流组成分割的基础工作，对水文预报技术改进和水库运行调度等方面具有重要意义。

根据流速大小及汇流历时长短，场次暴雨洪水过程可以概括为地面径流和地下径流两种水源组成，其中，地面径流在降水发生后可以很快汇集到流域出口断面，而地下径流则由于土壤层的调蓄而缓慢流出，并延续至降水结束后较长的一段时间，进而形成暴雨洪水的一个具有指数型的退水过程。图 4.1 给出了在水文学中常用的斜线径流分割方法示意图。

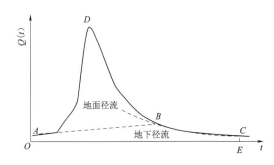

图 4.1　暴雨洪水过程水源分割示意图（虚线为地下径流过程，实线为实测河川流量）

图 4.1 中所示的场次径流量为曲线 $OADBCEO$ 所包围的面积，地面径流量为曲线 $ADBA$ 所包围的面积。在实际分割时，起涨点 $A$ 可以根据实测流量过程确定，于是，起退的时间点 $B$ 及对应起退流量的确定则成为径流分割的关键。

退水过程是指在降雨很少或无降雨时期内河川径流连续的消退过程，是水文过程的重要组成部分。河川径流的退水曲线常用指数型方程描述：

$$Q_t = Q_0 e^{-at} \tag{4.13}$$

式中：$Q_t$ 为 $t$ 时刻的流量；$Q_0$ 为起始时刻（$t=0$）的退水流量；$\alpha$ 为消退系数。

在实际分析和模拟计算时，一般设置场次洪水的起涨点作为 0 时刻，假定 $t=T$ 时流量开始退水过程，则式（4.13）可以写为

$$Q_t = Q_T e^{-\alpha \cdot (t-T)} \tag{4.14}$$

式（4.14）中包括三个参数需要率定，分别为：起退流量 $Q_T$、起退时间 $T$ 和退水系数 $\alpha$，其中，起退时间 $T$ 与 0 点的选择以及洪水主要阶段的历时有关，起退流量 $Q_T$ 与洪峰流量和流域蓄水量有关，这两个参数由场次暴雨的降水量、降水历时等降水特征所决定，而退水系数尽管与洪水特征有关，但更重要的是由流域的形状、坡度等流域特征所决定。

在进行退水流量模拟和参数率定时，首先根据场次洪水过程和降水终止时间，初步判断退水阶段，利用退水阶段的实测流量资料率定退水模型参数，选择 Nash Sutcliffe 效率系数和模拟相对误差为目标函数进行参数率定：

$$NSC = \left[ 1 - \frac{\sum_{i=1}^{N}(Q_i - \hat{Q}_i)^2}{\sum_{i=1}^{N}(Q_i - \overline{Q}_i)^2} \right] \times 100\% \tag{4.15}$$

$$RE = \frac{1}{N}\sum_{i=1}^{N}\left| \frac{\hat{Q}_i - Q_i}{Q_i} \right| \times 100\% \tag{4.16}$$

式中：$NSC$ 为 Nash Sutcliffe 效率系数；$RE$ 为模拟相对误差；$\hat{Q}_i$ 为模拟流量；$\overline{Q}_i$ 为每个场次洪水退水流量的均值；$N$ 为场次洪水的个数。

## 4.2 漳河上游流域径流演变情势

### 4.2.1 径流演变趋势

图4.2给出了漳河上游蔡家庄水文站年径流量过程，可以看出，径流呈现明显的年际波动，年径流最大值为1963年的422.3mm，最小为1999年的6.4mm，约为最大值的1/70，年径流量的变差系数达1.13，是年降水量的5倍之多。1958—2012年径流总体呈显著减少趋势，MK趋势分析统计值为 −3.54，年径流量的线性减少幅度约为每10年19.4mm。突变检验结果显示，年径流系列大致有两处突变，分别在1977年和1998年前后。从图4.2上亦可直观看出，1977年后径流量呈断崖式减小，1958—1977年的平均径流量为108.1mm，而1978—2012年的平均径流量为33.5mm，仅为前一时期的40%不到；1998年后连续多年的径流量几乎达到研究时段的最低值，且年际变化十分微弱，彼时降水已呈现增加趋势，但径流并未对降水的变化呈现明显响应，直到2008年后才出现回升态势。

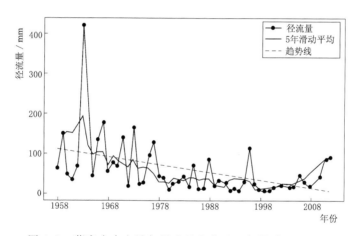

图4.2 蔡家庄水文站年径流量变化及5年滑动平均过程

图4.3给出了各月径流量变化趋势，可以看出，多数月份的径流都呈现下降趋势，其中夏秋季节的月径流减少尤其显著，主要体现在1977年突变点后的径流量比1958—1977年的要减少很多。但值得注意的是，1月和2月的径流呈现了一定的增加趋势，其增加态势在1998年后更为明显，除此之外，冬春季节的径流在1998年后大都呈现出较为明显的增加。冬春径流增加可能源自融雪径流和冻土冻融径流的增加，由于蔡家庄以上流域的冬春降水量很少，降水变化对于径流的影响亦十分有限，因此冬春径流增加很大程度上是流域蓄水冻融径流增大和人为影响的结果。尤其是1992年2月后不再出现整月流量都为零的情况，河道上修筑的拦水建筑物对径流的调蓄影响较为明显。

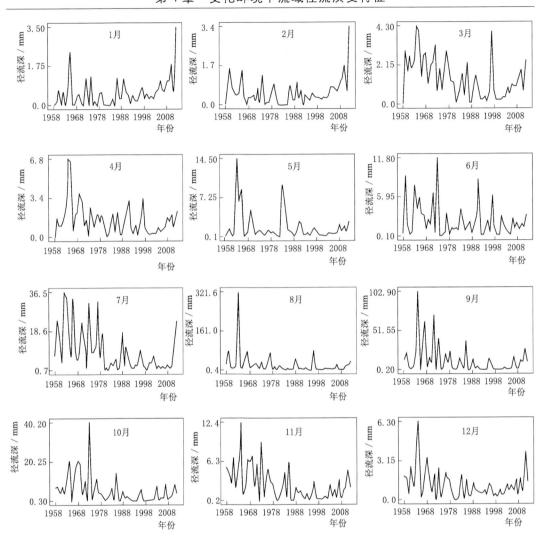

图 4.3　各月径流年际变化过程

由于拦水建筑物的调蓄，径流可以在较长时间内保持相同的流量，只有出现明显的降水才有变化。就逐日流量的变化来看，1973 年之前流量对降水响应敏感而呈现自然涨落，而 1998 年后流量常出现不随降水而变化，而是呈现阶梯状平直线的情况，图 4.4 给出了 1973 年和 2009 年两个年份汛期逐日径流过程，可以直观看出，1973 年后径流过程不仅总量上减少，其涨落过程也发生了非常显著的变化。

日径流的稳定状态是反映径流天然状态及受人类活动干扰的重要指标，这里提出一个描述日径流稳定程度的简便方法：

定义一个稳定度序列 $S$，若连续三日径流量大小不变，则认为出现径流稳定事件 $i$，稳定度 $k=k+1$；否则 $S$ 序列添加该 $k$ 值，且 $k$ 归零。$S$ 序列的计算时间范围为整个资料系列时段，但每年的计算时间跨度可以选择全年或一年中的某个时段如汛期或非汛期，以便逐年对比。基于代表性的考虑，从 $S$ 序列中挑出每年的最大值

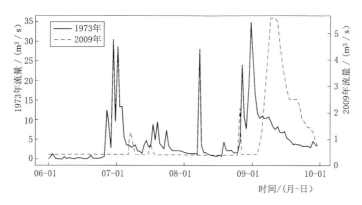

图 4.4 典型年份汛期逐日径流过程

$k_{max}$，各年的 $k_{max}$ 集合为新的序列 $S'$，可称为最大稳定度序列。考虑到非汛期降水和径流都很小，难以体现出人为活动的影响，因此本研究采用汛期径流来计算稳定度，而汛期的期限则限定为 6—9 月。

图 4.5 展示了 1958—2012 年的汛期径流逐年稳定度，结果表明：汛期径流稳定度在 20 世纪 80 年代以前总体较小且年际变化不大，80 年代中期后年际变化增加，而1998 年后稳定度呈快速攀升。前期汛期径流稳定度较低，说明径流随降水呈自然涨落的变化形式，稳定度升高，则表明人为活动对径流天然情势的干预不断增强，如 2010年 6 月 1 日至 7 月 16 日共 47d 的日径流都稳定在 $0.323\text{m}^3/\text{s}$，而这期间降水日数共27d，总降水量约为 139mm，单日最大降水量为 27.1mm，这说明流域并非处于干旱状态，是可以出现降水径流过程的，因此径流很明显受到了人为的调控才能长期保持稳定的流量。

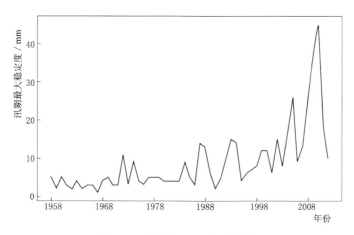

图 4.5 径流稳定度变化过程

## 4.2.2 降水径流响应关系

降水径流关系是表征水文过程稳定性的重要指标，径流系数大小及降水径流相关程度揭示了可能的气候条件、下垫面变化、人为活动影响对径流的影响。基于径流演变态势（图 4.2），将径流系列分为三个阶段：1958—1977 年、1978—1997 年、1998—2012 年，分别点绘各时期的降水径流关系（图 4.6）。

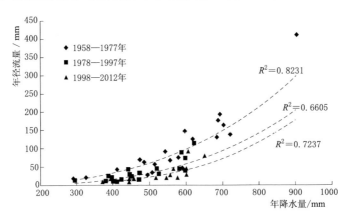

图 4.6　蔡家庄站不同时期年尺度降水径流关系

从图 4.6 可以看出，1958—1977 年径流系数明显较大，且降水和径流的相关性较好。后两个时段径流系数显著减小，且降水径流关系趋于散乱，其中 1998—2012 年的径流系数小于 1978—1997 年，这在一定程度上说明了人为活动对降水径流关系的影响，另外，1998—2012 年降水径流的相关系数稍高于前一时段，这可能与后面几年降水量明显升高导致径流回升有关。降水径流关系分析与多时间尺度径流过程变化分析共同反映了三个时段径流情势的显著差异，而第一个时段的径流天然状态最明显。

## 4.3　黄河源区径流演变特征

### 4.3.1　黄河源区径流变化趋势

黄河源区 5 个重要水文站（黄河沿、吉迈、玛曲、军功和唐乃亥）年径流深的历史变化过程如图 4.7 所示。可以发现，尽管五站年径流量总体呈现非显著性增加（黄河沿、吉迈）或减少（玛曲、军功、唐乃亥）趋势，但年径流深具有和年降水量相似的"增加-减少-增加"的演变特征。表 4.1 统计给出了 2000 年之后不同季节径流深的变化率 $S$ 和趋势 $MK$ 值，其中，四季分别定义为：3—5 月为春季，6—8 月为夏季，9—11 月为秋季，12 月至次年 2 月为冬季。由表 4.1 可以看出，黄河沿站年径流深的增加趋势显著（$MK > 1.96$），每年约增加 2.32mm，其中秋季径流增加量占主要部分；其他水文站 2000 年以来径流都呈现不显著的增加趋势，就中下游站点（玛曲、军功和唐乃亥）而言，径流增加集中在夏秋季，该季也是黄河源区降水集中的时期。总体来说，黄河源区地表径流量的变化受气候波动影响明显，年径流量具有和年降水量相似的年际波动特征，即 1970 年之前为多年平均径流低值时期，20 世纪 70 年代到

1990 年是径流较为丰沛，2000 年之后多年平均径流量接近 1970 年之前，但年径流量处于上升趋势，可利用的河川径流量逐渐增多。

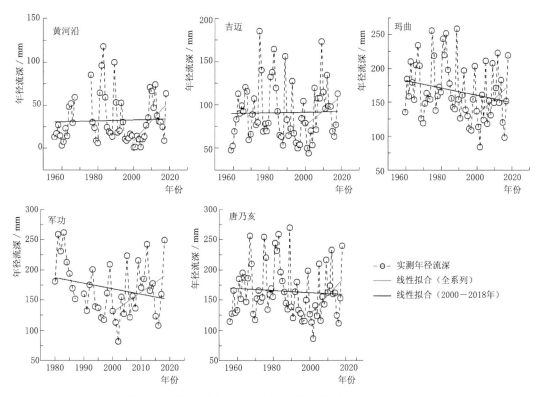

图 4.7 黄河源区主要水文站年径流深的历史变化过程

表 4.1 2000 年以来黄河源区水文站多时间尺度径流变化趋势诊断结果

| 水文站 | S/(mm/a) | | | | | MK | | | | |
|---|---|---|---|---|---|---|---|---|---|---|
| | 春 | 夏 | 秋 | 冬 | 年 | 春 | 夏 | 秋 | 冬 | 年 |
| 黄河沿 | 0.219 | 0.444 | 1.237 | 0.242 | 2.32 | 2.03 | 2.03 | 2.73 | 1.78 | 2.38 |
| 吉迈 | 0.026 | 0.025 | 0.094 | 0.019 | 0.17 | 1.54 | 0.21 | 1.89 | 1.06 | 1.01 |
| 玛曲 | 0.226 | 0.947 | 1.030 | 0.079 | 3.30 | 0.91 | 0.77 | 1.12 | 0.53 | 1.26 |
| 军功 | 0.466 | 1.270 | 1.293 | 0.214 | 2.32 | 1.61 | 0.84 | 0.98 | 1.74 | 1.68 |
| 唐乃亥 | 0.437 | 1.331 | 1.094 | 0.272 | 3.15 | 1.75 | 1.19 | 0.84 | 1.93 | 1.75 |

## 4.3.2 黄河源区降水径流关系

为分析不同阶段黄河源区的降水径流关系，参考第一、二次全国水资源评价采用的资料系列，将研究期以 1980 年和 2000 年为分段点划分为三个阶段，源区三个水文站（吉迈、玛曲、唐乃亥）控制流域在不同阶段的降水径流关系如图 4.8 所示，此外对年降水量和径流量进行双累积曲线法和对径流系数（多年平均径流量与降水量的比值）进行有序聚类法检验的结果分别如图 4.9 和图 4.10 所示。三个阶段流域多年平均年降水量和径流量的统计结果见表 4.2。

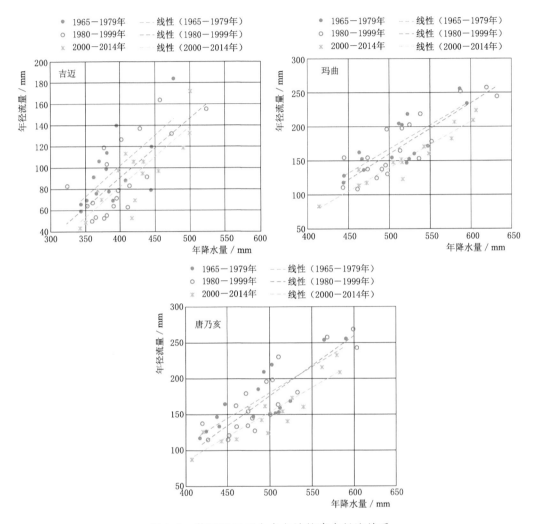

图 4.8　黄河源区三个水文站的降水径流关系

表 4.2　　　黄河源区三个水文站不同阶段多年平均降水量和径流量

| 站点 | 要　素 | 1965—1979 年 | 1980—1999 年 | 2000—2014 年 |
|------|--------|------------|------------|------------|
| 吉迈 | 降水/mm | 389.4 | 400.6 | 420.7 |
|      | 径流/mm | 96.0 | 90.9 | 93.9 |
| 玛曲 | 降水/mm | 509.2 | 515.2 | 520.8 |
|      | 径流/mm | 174.0 | 172.1 | 154.5 |
| 唐乃亥 | 降水/mm | 489.7 | 493.9 | 501.3 |
|      | 径流/mm | 172.9 | 170.9 | 154.5 |

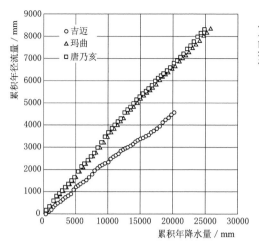

图 4.9　黄河源区 3 个水文站降水径
流累积曲线

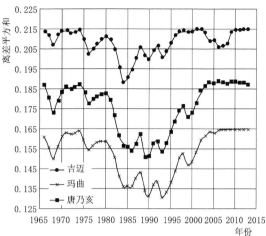

图 4.10　黄河源区水文站径流系数有序
聚类检验结果

从图 4.8 中可以看出，黄河源区 3 个水文站的年降水-年径流关系都具有较为明显的阶段性特征，有序聚类法检验结果（图 4.10）表明 1980—2000 年之间，总的离差平方和处于较低的阶段，即 1979 年之前与 2000 年之后的径流系数都有较好的相似性和一致性。就吉迈站而言，1980 年之后降水径流线性关系低于 1965—1979 年时间段，即表明相同年降水情况下河川径流量在减少，从表 4.2 也可得出相同的结论，2000—2014 年间多年平均降水量为 420.7mm，相比 1979 年之间多出约 30mm，而多年平均径流量却减少了约 3mm。在玛曲站和唐乃亥站，1965—1979 年期间降水径流关系没有发生显著的改变，但 2000 年之后，径流系数下降明显，多年平均径流量从 170mm 下降到 154mm 左右。

## 4.4　清流河流域径流演变特征

### 4.4.1　场次暴雨洪水过程

降雨是清流河流域产流最直接的因素，图 4.11 给出了四个典型场次的暴雨洪水过程，其中，两个场次的暴雨洪水过程摘自 20 世纪 60 年代和 70 年代，该时期人类活动较弱且稳定，基本代表了天然流域的产汇流情势；另外两个场次暴雨洪水过程摘自 21 世纪以来的年份，流域下垫面有所改变，流域内修建了一批中大型水利工程并投入了正常运用，代表了一种较强人类活动影响下的产汇流状态。

由图 4.11 可以看出：

（1）降雨特征在一定程度上决定了洪水过程变化。如 19600621 号暴雨洪水的降水集中在连续的时段，场次降水量为 67mm，其中，雨峰降水强度为 45mm/6h，场次

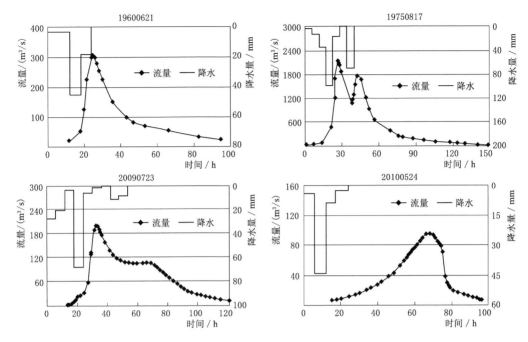

图 4.11　清流河滁州站典型暴雨洪水过程对比

降水的最大洪峰流量为 306m³/s，洪水峰现时间约滞后雨峰 10h。对 19750817 号暴雨洪水过程来水，场次降水量为 253mm，但降水集中在两个不连续的阶段，第一个阶段持续降水历时为 30h，降水量为 165mm，其中最大时段降雨强度 99mm/6h，第二阶段降水历时为 12h，其中最大时段降雨强度为 70mm/6h，受降雨时程变化的影响，滁州站洪水过程为双峰型过程，第一个洪峰出现在降水之后的第 30 小时，峰值流量为 2050m³/s，峰现时间滞后雨峰时间 8h 左右；第二洪峰流量为 1700m³/s，滞后第二雨峰约 6h。

（2）水利工程修建和下垫面变化等人类活动对暴雨洪水过程特征有一定影响，主要表现为洪峰流量减小，多峰过程不明显，洪水过程总体变缓。如 20090723 号暴雨洪水过程，场次降水量为 150mm，降水主要集中在三个时段，其中，最大时段降雨强度约 69mm/6h；就场次降水量和最大时段降水强度而言，均大于洪号为 19600621 的降水特征值，但 20090723 号洪水的洪峰流量只有 202m³/s，洪水峰现时间滞后最大雨峰时间约 10h，尽管降水过程呈现为多阶段性，但洪水过程只有一个洪峰，洪水过程在峰值之后有近 40h 维持在 100m³/s 左右。对于洪号为 20100524 暴雨洪水来说，场次降水量为 59mm，其中，最大时段降水强度为 44mm/6h，对应的洪峰流量为 96m³/s，但洪水峰现时间滞后最大时段雨峰约 58h，远远大于正常的流域汇流时间且洪水过程表现为缓增速降的特点。上述两个典型暴雨洪水过程充分体现了流域水库对洪水过程的调蓄作用。

以洪水过程的起涨点作为起始时间 0 点，在不同年代选择四场洪峰流量相近的场次洪水（图 4.12），可以看出：①所选场次洪水的洪峰流量在 $280 \mathrm{m}^3/\mathrm{s}$ 左右，洪水胖瘦有一定差异，例如，洪号为 20070709 的场次洪水历时较长，体型较宽，而其他三场洪水过程形状相似；②向右平移洪号为 19650718、19750604 和 19840908 三个场次的洪水过程使其退水过程逐步逼近洪号为 20070709 的场次洪水退水过程［图4.12（b）］，可以看出，各场次洪水的退水过程几乎可以完全重合，且较好地符合指数型退水曲线，说明场次洪水的退水规律一致。

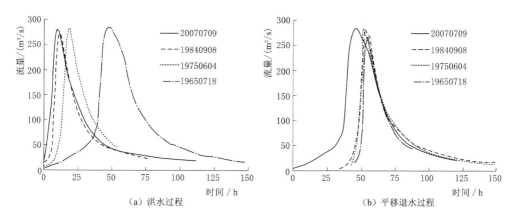

图 4.12　不同年代同洪峰流量级场次洪水过程

分析认为，流域的退水过程与流域的蓄水量密切相关，若场次洪水较大，退水流量可能较大，同时，退水历时会维系较长的时间。图 4.13 给出了不同洪峰流量级场次洪水的退水过程，其中，图 4.13（a）中为洪峰流量大于 $500 \mathrm{m}^3/\mathrm{s}$ 的洪水过程，图4.13（b）给出的洪水过程的洪峰流量均小于 $300 \mathrm{m}^3/\mathrm{s}$。由图 4.13 可以明显看出，大洪水过程的退水流量明显大于小洪水过程的退水流量，如 19750817 号洪水，这是一个双峰过程洪水，最大洪峰流量为 $2050 \mathrm{m}^3/\mathrm{s}$，第二洪峰流量为 $1700 \mathrm{m}^3/\mathrm{s}$，洪水历时超过 150h，其中，流量超过 $500 \mathrm{m}^3/\mathrm{s}$ 的时段接近 40h，在第二个洪峰之后 100h 的退水末期流量仍高达 $55 \mathrm{m}^3/\mathrm{s}$；而洪号为 19780909 的洪水是一个洪峰流量仅为 $52 \mathrm{m}^3/\mathrm{s}$ 的小洪水过程，退水时期流量大多小于 $10 \mathrm{m}^3/\mathrm{s}$。显而易见，退水阶段的流量与起退流量密切相关，而起退流量的大小应该与洪峰流量和高洪水流量历时及洪量有密不可分的关系。如果洪峰流量越大，高洪水流量越长，则流域蓄水量无疑会更大，这种情况下退水流量势必会更高一些。另外，由图 4.13 也可以看出，尽管不同洪峰流量级洪水的退水过程不同，但均表现出明显的指数型退水曲线特征。

## 4.4.2　场次暴雨洪水退水过程模拟及径流组成识别

采用指数型退水模型模拟清流河流域滁州站的 102 场次退水过程，表 4.3 统计给出了模型参数及模拟效果。直观起见，图 4.14 给出了四场典型场次洪水的实测与模拟退水过程。

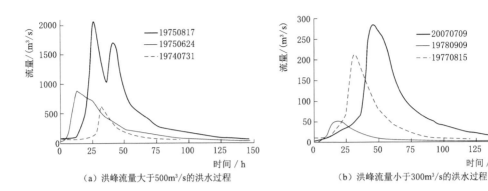

（a）洪峰流量大于500m³/s的洪水过程　　　　（b）洪峰流量小于300m³/s的洪水过程

图 4.13　不同洪峰流量级场次洪水退水过程对比

表 4.3　　　　　　　　　　　　退水模型参数及模拟效果

| 参　　数 | 模　型　参　数 | | | 模拟效果 | |
| --- | --- | --- | --- | --- | --- |
| | 起退流量 $Q_T$/(m³/s) | 起退时间 $T$/h | 退水系数 $\alpha$ | $NSE$/% | $RE$/% |
| 最大值 | 303.0 | 279 | 0.0435 | 98.2 | 5.6 |
| 最小值 | 12.0 | 38 | 0.0101 | 87.6 | 1.2 |
| 均值 | 113.1 | 116 | 0.0255 | 94.5 | 3.7 |

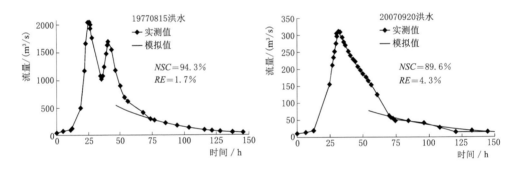

图 4.14　典型场次洪水的实测与模拟退水过程比较

由表 4.3 可以看出：①平均起退流量为 113m³/s，但不同场次洪水的起退流量差异明显，最大起退流量为 303m³/s，为最小起退流量（12m³/s）的 25 倍。②由于本研究中选洪水的起涨点为 0 点，起退时间表示地表径流结束时的时间，因此起退时间在一定程度上表征了场次洪水地表径流的历时。由表 4.3 可以看出清流河流域场次洪水地表径流平均历时为 116h，其中，最大历时为 279h，最小历时为 38h。地表径流历时与降水历时有关，持续性降水导致地表径流历时也较大。③退水系数为 0.01～0.0435，一般而言，短历时暴雨洪水的退水系数较大，长历时暴雨洪水的退水系数相对较小。

指数型退水模型能够较好地模拟清流河流域的退水过程，对各场次洪水的退水过程模拟的 $NSC$ 效率系数大多超过 90%，其中最大 $NSC$ 效率系数为 98.2%，最小的

$NSC$ 效率系数为 87.6%，超过 85%。从模拟误差来看，平均模拟误差 3.7%，最大的模拟误差也仅为 5.6%。由图 4.14 可以看出，实测与模拟的退水曲线总体吻合良好，对洪号为 19770815 的洪水退水过程模拟的 $NSC$ 效率系数为 94.3%，相对误差只有 1.7%；尽管对洪号为 20070920 的退水过程的个别点模拟误差较大，但总体平均误差小于 5%，并且模拟的 $NSC$ 效率系数接近 90%。

根据模拟与实测的退水过程，可以清晰地判断退水起始点，为径流组成分割提供了较好的支持。必须指出的是，在进行退水过程模拟时，退水阶段的选取非常重要，若选取的时段过早，流量过程可能包括部分地表径流，尽管指数型模型仍可较好模拟出退水过程，但率定出的模型参数则没有反映出真实的退水过程，一般而言，根据目视选退水过程的最大拐点为退水起始点，利用该点 1～2 个时段之后资料来率定模型参数，以保证用于率定模型的资料为完全的退水过程。

对清流河流域 102 个场次的暴雨洪水的退水过程进行了模拟，确定了每个场次洪水的起退流量及起退时间，基于场次洪水退水过程模拟，将场次洪水过程分割为地表径流和地下径流，表 4.4 统计给出了不同年代场次暴雨洪水的径流组成特征。

表 4.4　　　　　　　　　清流河流域不同年代场次洪水径流分割统计

| 年　份 | 暴雨洪水场次数目 | 地表径流占径流总量的比率/% | | |
|---|---|---|---|---|
| | | 平均 | 最大 | 最小 |
| 1960—1969 | 23 | 53.6 | 70.6 | 40.4 |
| 1970—1979 | 28 | 58.3 | 74.0 | 41.1 |
| 1980—1987 | 32 | 69.1 | 88.2 | 42.6 |
| 2007—2012 | 19 | 65.4 | 91.8 | 45.4 |

由表 4.4 可以看出：

(1) 地表径流是洪水径流的主要成分，不同年代地表径流均占径流总量的 50% 以上，对于个别暴雨洪水场次，地表径流与径流总量之比可超过 70%，甚至达到 90% 以上。

(2) 就年代际变化而言，地表径流占径流总量的比率有增大趋势，如 20 世纪 60—70 年代，平均地表径流占径流总量的比率在 60% 以下，而从 80 年代至 2012 年，平均地表径流与径流总量的比率在 65% 以上。

地表径流成分增加与流域内大中型水利工程修建有密切关系，水库工程的修建，拦蓄了水库坝址以上的来水量，水库调蓄后的下泄水量以地表径流形式出现，因此，从下游滁州站的水文过程来看，地下径流仅来源于流域内水库工程未控区，从而导致场次洪水的地下径流成分减小。

## 4.4.3　场次降雨特征与产流要素之间的关系

场次暴雨的产流系数大小反映了区域产流能力的强弱，一般情况下与暴雨强度、场次降水量以及前期降水量有密切关系。图 4.15 给出了不同年代产流系数的四分位特征。

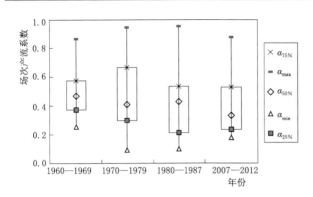

图 4.15　清流河流域各年代暴雨洪水产流系数的变化
（$\alpha_{75\%}$、$\alpha_{50\%}$、$\alpha_{25\%}$ 分别表示频率为 75%、50% 和 25% 的产流系数，$\alpha_{max}$ 和 $\alpha_{min}$ 分别表示最大和最小场次产流系数）

由图 4.15 可以看出：

（1）每一个年代的场次暴雨的产流系数变化幅度均较大，如 20 世纪 70 年代，共收集了 28 个场次的暴雨洪水资料，场次暴雨的产流系数为 0.08～0.93，其中，产流系数低于 0.30 和高于 0.66 的暴雨洪水场次数占 25%，该年代场次暴雨洪水产流系数平均值为 0.48，略高于该年代产流系数的中位数 0.41（对应频率为 50%）。

（2）从年代际变化趋势来看，场次暴雨洪水的产流系数总体具有递减趋势，20 世纪各年代的平均场次暴雨洪水产流系数超过 0.40，其中 60 年代的最高，为 0.49（0.24～0.87）；21 世纪以来的平均场次暴雨洪水产流系数为 0.34，尽管场次产流系数变异性很大，但大多数产流系数普遍偏小，超过 50% 的产流系数低于 0.26。产流系数的变小与水库对径流拦蓄调节和流域下垫面变化有密切的关系。

场次径流量和洪峰流量是场次暴雨洪水两个最重要的水文要素，降水是产流最重要的驱动因子。对以超渗产流机制为主的地区而言，产流量的大小与降水强度密切相关，雨强越大，产流量及洪峰流域越大；而对以蓄满产流机制为主的区域来说，产流量的大小则主要由降水量的多寡决定。随着流域内人类活动的增强，水利工程修建、下垫面变化，以及社会经济发展引起用水量的增加也会对河川径流量产生一定的影响。图 4.16 和图 4.17 分别给出了清流河流域不同年代场次洪峰流量和场次径流量与降水量及时段最大雨强之间的关系。由图 4.16 和图 4.17 可以看出：

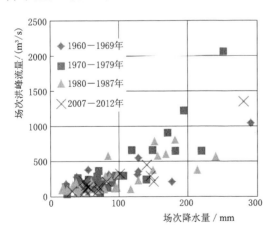

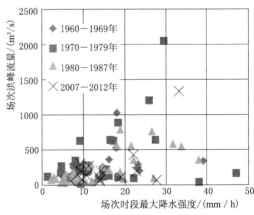

图 4.16　清流河流域场次洪峰流量与场次降水量、时段最大降水强度之间的关系

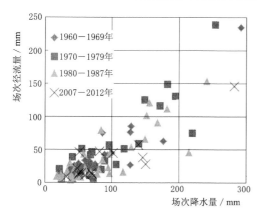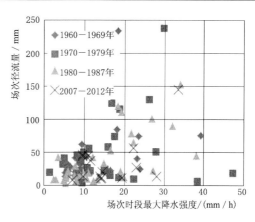

图 4.17　清流河流域场次径流量与场次降水量、时段最大降水强度之间的关系

（1）场次径流量及洪峰流量与场次降水量之间具有较好的相关性，不同阶段的相关系数分别为 0.76～0.81 和 0.78～0.83。相比而言，场次径流量、洪峰流量与时段最大降水强度之间的点群散乱，相关性较弱，不同阶段的相关系数分别为 0.05～0.29 和 0.09～0.34，由此说明降水量是清流河流域产流的主要因素，流域产流机制以蓄满产流为主。

（2）对比不同年代场次径流量、洪峰流量与场次降水量之间的关系点群不难发现，在场次降水量低于 100mm 时，不同年代的点群较为集中；在降水量超过 100mm 时，21 世纪以来的点群普遍较低，对应同样的降水条件，21 世纪以来的流域产流量及洪峰流量相对较小。

分析认为这与 21 世纪以来流域内水利工程修建及运行有密切关系。清流河流域水库以防洪、供水为主，通过拦蓄流域内的暴雨洪水达到保证下游安全，同时为非汛期提供充足水源。水库的运行调度消减了场次暴雨洪水的洪峰流量，拦蓄径流使得下游实测的场次径流量减小。

## 4.4.4　年、季尺度径流演变特征

图 4.18 和图 4.19 分别给出了清流河流域年径流量和四季径流量的演变过程，表 4.5 统计给出了不同尺度径流量演变的趋势线诊断结果。

受降水变化影响，清流河流域径流量也具有年际变化大的特点，最大年径流深约为 1053mm（1991 年），1967 年径流深最小，仅为 10mm，二者相差 100 倍之多。尽管 1991 年降水量偏多，1967 年降水量偏少，但径流量最大与最小的年份与降水量最大和最小的年份并不对应，由此说明，径流量受降水量大小的制约，同时会受到如水利工程

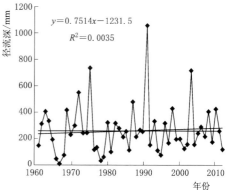

图 4.18　清流河流域年径流量年际变化过程

修建等人类活动的影响。1961—2012 年期间，径流量呈不显著增加趋势（MK 值为 0.521），径流深的平均线性变化率为 0.7514mm/a，径流量的变化与降水量的变化趋势一致，这也说明了降水量变化在一定程度上影响着径流量的变化。

表 4.5　　　　　清流河流域年和季节径流深变化趋势统计（1961—2012 年）

| 参数 | 春 | 夏 | 秋 | 冬 | 年 |
|---|---|---|---|---|---|
| 均值/mm | 47 | 154 | 43 | 18 | 261 |
| $A/(mm/a)$ | 0.0759 | 0.1207 | 0.1375 | 0.4173 | 0.75 |
| $MK$ | 0.805 | 0.694 | 1.562 | 3.519 | 0.52 |

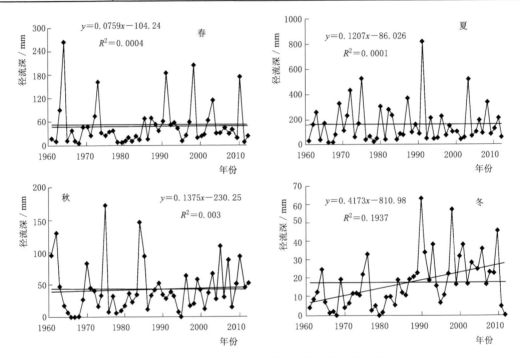

图 4.19　清流河流域四季径流量年际变化过程

由图 4.19 可以看出，四季径流量均出现增加趋势，统计结果表明，冬季径流量增加趋势显著，其余季节径流量为非显著性增加；1961—2012 年春夏秋冬四季多年平均径流量分别为 47mm、154mm、43mm 和 18mm；平均线性变化率分别为 0.0759mm/a、0.1207mm/a、0.1375mm/a 和 0.4173mm/a。季节尺度径流量变化与降水量变化趋势一致。

## 4.4.5　不同尺度降水径流响应关系

图 4.20 给出不同年代年降水量与年径流深的相关关系。由图 4.20 可以看出：年降水量与年径流深相关性关系较好，一般而言，当年降水量增加时，年径流深也增加。利用线性回归方程对各年代的降水量径流深进行拟合，1960—1969 年、1970—

1979 年、1980—1989 年、1990—1999
年、2000—2009 年各年代际的相关
性系数分别为 0.8549、0.6719、
0.8556、0.7219、0.8591。各年代际
的降水径流相关性系数呈先增加后
减小再增加趋势，并无明显规律。

自 1960 年以来，清流河流域年
产流系数基本不变。图 4.21 给出了
不同年代季节产流系数的分布图，
可以看出不同年代季节的产流系数

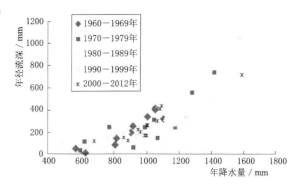

图 4.20　不同年代年降水量与年径流深的相关关系

与年产流系数并不一致，春夏两季的产流系数变化大体为先增加后减小，而秋冬两季
的产流系数大体呈现增加趋势。

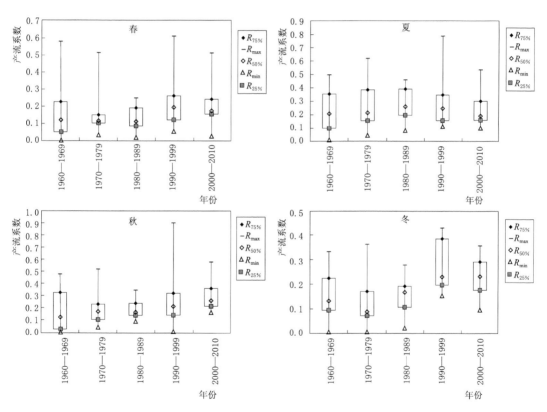

图 4.21　不同年代季节产流系数分布图
（$R_{75\%}$、$R_{50\%}$、$R_{25\%}$ 分别表示频率为 75%、50% 和 25% 的产流系数，
$R_{\max}$ 和 $R_{\min}$ 分别表示为最大和最小场次产流系数）

图 4.22 给出不同年代各季节降水量与径流深的相关关系。由图 4.22 可以看出：
不同季节降水量与径流深相关关系显著不同，其中夏季降水量径流深的相关关系最

好，当降水量较大的时候径流量也较大。同时也可以得出，当流域内降水量较大的时候，降水量与径流深相关关系较好。但是，当降水量较小的时候，径流深随降水量增大的幅度并不大，这符合了该流域进行蓄满产流的规律。且各个季节均存在一个阈值，当降水量小于此值时，径流深变化幅度不大，而当降水量大于该值时，降水量与径流深具有较好的线性关系，比如春季、秋季该值约为 200mm，而夏季该值约为400mm，冬季由于降水量本身较小，这个值不易清晰确定。

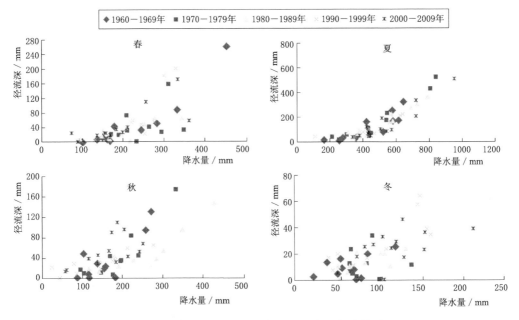

图 4.22  不同年代年际降水量径流深相关关系

# 4.5  本章小结

本章介绍了不同典型流域的径流演变特征。漳河流域年径流在整个研究时段呈显著减少趋势，其中 1977 年后锐减，1998 年后略呈增加趋势；各月径流在 1958—2012 年亦呈减势，尤以夏秋季节显著，而冬季径流则表现为增加趋势，考虑研究时段内气温增加并不显著，更有可能是人为活动所致；定量分析日径流的稳定度，亦揭示了人为活动对径流情势的改变；降水径流关系亦表明 1958—1977 年径流系数明显较大，且降水和径流的相关系数较好，1998—2012 年径流系数显著减小，且降水径流关系趋于散乱。

黄河源区地表径流量的变化主要受控于气候波动，年径流量具有和年降水量相似的"增加-减少-增加"年际波动特征，其中 1970 年之前径流处于低值期，1970—1999 年径流较为丰沛，2000 年之后径流水平接近 1970 年之前，但处于上升趋势。降水径流关系表现出较明显的阶段性，且 2000 年之后的径流系数显著减少。

## 4.5 本 章 小 结

清流河流域场次暴雨洪水过程受降水特征影响显著，亦受到水利工程修建和下垫面变化等人类活动的影响；退水过程呈指数型，地表径流在径流组分中占比较大；年际尺度上，径流量的变化与降水量的变化趋势一致，且总体呈现增加趋势，其中冬季径流增加较显著；降水径流响应关系分析表明，年径流量与年降水量具有较好的正相关关系，1960年以来年产流系数无明显变化，而春夏两季的产流系数变化大体为先增加后减小，而秋冬两季的产流系数大体呈现增加趋势。

# 第 5 章　变化环境下典型流域水文过程模拟

## 5.1　考虑积雪的集总式 GR4J 模型及其在黄河源区的应用

### 5.1.1　GR4J 模型介绍

GR4J 模型是 CEMAGREF（现在称为 IRSTEA）研究团队开发的概念性水文模型（Nascimento et al.，1999），在欧洲和澳大利亚都有广泛的应用（Xu et al.，1998；Perrin et al.，2003）。该模型采用两个非线性水库概化流域水文过程，进行产汇流计算（Perrin et al.，2003），分别是产流水库和汇流水库。在 GR4J 模型的基础上增加积雪融雪模块（度日型），构建考虑积雪融雪过程的流域水文模型 GR4J_SNOW，图 5.1 给出了其模型原理与计算流程，模型的基本原理及计算公式概述如下。

产流计算环节首先根据流域降水（$P$）、蒸发能力（$E$），确定有效降水（$P_n$）和剩余蒸发能力（$E_n$）。若 $P > E$，则 $P_n = P - E$，$E_n = 0$；反之，$P_n = 0$，$E_n = E - P$。然后，通过 $P_n$ 和 $E_n$ 计算补充产流水库的降水量 $P_s$ 和产流水库蒸散发量 $E_s$。若 $P_n > 0$，$P_n$ 中的一部分（$P_n > P_s$）直接进入汇流模块，另一部分（$P_s$）将补充产流水库（Nascimento et al.，1999；邓鹏鑫 等，2014）：

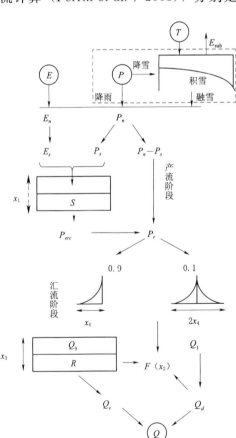

图 5.1　GR4J_SNOW 模型原理与计算流程

$$P_s = \frac{x_1\left[1 - \left(\dfrac{S}{x_1}\right)^2\right]\tanh\left(\dfrac{P_n}{x_1}\right)}{1 + \dfrac{S}{x_1}\tanh\left(\dfrac{P_n}{x_1}\right)} \quad (5.1)$$

式中：$S$ 是一个状态量，表征产流水库蓄水量，mm；$x_1$ 为产流水库蓄水容量，

mm，是产流水库蓄水量 $S$ 的上限值，也是 GR4J 模型的第一个参数。

若 $P_n=0$，则 $E_s>0$，计算如下：

$$E_s = \frac{S\left(2-\dfrac{S}{x_1}\right)\tanh\left(\dfrac{E_n}{x_1}\right)}{1+\left(1-\dfrac{S}{x_1}\right)\tanh\left(\dfrac{E_n}{x_1}\right)} \tag{5.2}$$

在计算 $E_s$ 和 $P_s$ 的基础上，依据水量平衡，产流水库蓄水量 $S$ 更新为

$$S = S - E_s + P_s \tag{5.3}$$

产流水库的产流量 $P_{erc}$ 由下式计算：

$$P_{erc} = S\left\{1-\left[1+\left(\frac{4S}{9x_1}\right)^4\right]^{-1/4}\right\} \tag{5.4}$$

产流量 $P_{erc}$ 的上限值为产流水库蓄水量 $S$，再依据水量平衡，产流后产流水库水量 $S$ 更新计算为

$$S = S - P_{erc} \tag{5.5}$$

则总的产流量 $P_r$ 为直接产流 $P_n-P_s$ 与产流水库出流 $P_{erc}$ 之和，即

$$P_r = P_{erc} + P_n - P_s \tag{5.6}$$

模型采用时段单位线进行汇流演算。考虑到流域径流成分一般都包括地面径流和地下径流，且不同径流成分的汇流时间存在差异，因此 GR4J 模型将产流量 $P_r$ 分为两部分，其中 90% 采用单位线 $UH_1$ 演算，10% 用于单位线 $UH_2$ 演算。前者（90% $P_r$）需要经过汇流水库的再次调节形成汇流水库调节径流 $Q_r$，后者直接汇集到流域出口断面（记为直接径流 $Q_d$）。单位线 $UH_1$ 演算时间是 $x_4$（$x_4$ 一般大于 0.5），而单位线 $UH_2$ 演算时间为 $2x_4$，两条单位线均由 S 曲线（$SH_1$、$SH_2$）推算，计算方法如下：

$$\left.\begin{array}{l} t\leqslant 0, SH_1(t)=0 \\[2mm] 0<t<x_4, SH_1(t)=\left(\dfrac{t}{x_4}\right)^{5/2} \\[2mm] t\geqslant x_4, SH_1(t)=1 \\[2mm] UH_1(j)=SH_1(j)-SH_1(j-1) \end{array}\right\} \tag{5.7}$$

$$\left.\begin{array}{l} 0<t<x_4, SH_2(t)=\dfrac{1}{2}\left(\dfrac{t}{x_4}\right)^{5/2} \\[2mm] x_4\leqslant t<2x_4, SH_2(t)=1-\dfrac{1}{2}\left(2-\dfrac{t}{x_4}\right)^{5/2} \\[2mm] t\geqslant 2x_4, SH_2(t)=1 \\[2mm] UH_2(j)=SH_2(j)-SH_2(j-1) \end{array}\right\} \tag{5.8}$$

式中：$j$ 为整数，表示第 $j$ 天。

由两条单位线（$UH_1$、$UH_2$）演算得到的水量分别为

$$Q_9 = UH_1 \times 0.9 \times P_r \tag{5.9}$$

$$Q_1 = UH_2 \times 0.1 \times P_r \tag{5.10}$$

式中：$Q_9$、$Q_1$ 分别为 $P_r$ 中进入汇流水库的水量和直接汇集到流域出口断面的水量。

考虑到流域不闭合所导致的地下水的交换问题，GR4J 模型引入了时段水量交换量 $F$，计算方法如下：

$$F = x_2 \left( \frac{R}{x_3} \right)^{7/2} \tag{5.11}$$

式中：$R$ 为汇流水库水量，是模型状态量；$x_3$ 为汇流水库容量，$R$ 的上限值，mm；$x_2$ 为地下水交换系数，当 $x_2$ 为负时，径流补给地下水，当 $x_2$ 为正时，表示地下水反向补给径流；当 $x_2$ 为 0 时，则表示径流与地下水之间没有水量交换。

单位线 $UH_1$ 汇入水量以及与地下水库交换水量后，相应的汇流水库水量 $R$ 为

$$R = \max(0, Q_9 + F + R) \tag{5.12}$$

计算汇流水库的出流量 $Q_r$ 为

$$Q_r = R \left\{ 1 - \left[ 1 + \left( \frac{R}{x_3} \right)^4 \right]^{-1/4} \right\} \tag{5.13}$$

其中，$Q_r \leqslant R$，汇流水库水量 $R$ 更新为

$$R = R - Q_r \tag{5.14}$$

集合单位线 $UH_2$ 演算的水量（$Q_1$）以及地下水交换量 $F$，汇流到流域出口断面得到出流量 $Q_d$ 为

$$Q_d = \max(0, Q_1 + F) \tag{5.15}$$

最终流域出口断面总流量 $Q$ 为 $Q_d$ 与 $Q_r$ 之和，即

$$Q = Q_d + Q_r \tag{5.16}$$

GR4J 模型主要有 4 个模型参数，据 Perrin 等（2003）研究结果，GR4J 水文模型参数 80% 的概率置信区间（邓鹏鑫 等，2014）见表 5.1。其中产流水库容量 $x_1$ 反映了土壤对降水产流的调节能力，汇流水库容量 $x_3$ 和单位线汇流时间 $x_4$ 总体上反映流域地形地貌对快速流和慢速流汇流快慢的影响。地下水交换系数 $x_2$ 用来考虑流域不闭合情况下的地下水交换情况。

表 5.1　　　　　　　　　GR4J 模型参数的 80% 置信区间

| 参数 | 含　义 | 中间值 | 范围区间（达到 80% 置信区间） |
|---|---|---|---|
| $x_1$ | 产流水库容量/mm | 350 | $100 \sim 1200$ |
| $x_2$ | 地下水交换系数 | 0 | $-5 \sim 3$ |
| $x_3$ | 汇流水库容量/mm | 90 | $20 \sim 300$ |
| $x_4$ | 单位线汇流时间/d | 1.7 | $1.1 \sim 2.9$ |

图 5.2 给出了参数 $x_1$ 对补充产流水库的降水量 $P_s$ 和产流水库蒸散发 $E_s$ 计算的影响，在产流水库储水量 $S$ 不变的情况下，产流水库蓄水容量 $x_1$ 越大，$P_n$ 与 $x_1$ 比

值（$P_n/x_1$）越小且 $S/x_1$，则进入产流水库的降水量 $P_s$ 越大，产流水库的蒸散发 $E_s$ 越小。此可反映，土壤含水层越厚，就有更多的有效降水进入土壤含水层（产流水库），直接产流量（$P_n-P_s$）越少，不利于土壤含水层的蒸发。图 5.3（a）给出了参数 $x_1$ 对 GR4J 模型中产流水库的产流量 $P_{erc}$ 计算的影响，从中可以看出，水库产流量 $P_{erc}$ 与水库储水量 $S$ 呈现指数关系，在产流水库未蓄满（$S/x_1<1$）时，产流水库出流量较少。汇流水库的出流量 $Q_r$ 具有相似的函数关系 ［图 5.3（b）］。

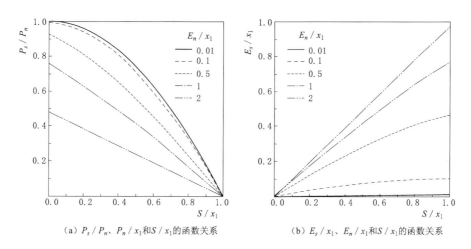

（a）$P_s/P_n$、$P_n/x_1$和$S/x_1$的函数关系      （b）$E_s/x_1$、$E_n/x_1$和$S/x_1$的函数关系

图 5.2 GR4J 模型产流模块参数 $x_1$ 的特征

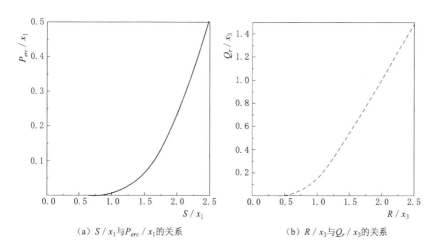

（a）$S/x_1$与$P_{erc}/x_1$的关系      （b）$R/x_3$与$Q_r/x_3$的关系

图 5.3 GR4J 模型 $S/x_1$ 与 $P_{erc}/x_1$、$R/x_3$ 与 $Q_r/x_3$ 的函数关系

单位线是常用的流域汇流计算方法。GR4J 模型采用两条单位线（$UH_1$ 和 $UH_2$）来模拟不同径流成分的汇流过程，其中 $UH_2$ 的汇流时间是 $UH_1$ 的两倍（$2x_4$），图 5.4 和图 5.5 给出了不同汇流时间下的 $UH_2$ 的过程示意图，当 $x_4>1d$ 时，单位线的形状呈现正态分布的钟型，$x_4$ 值越大，汇流过程越加坦化。

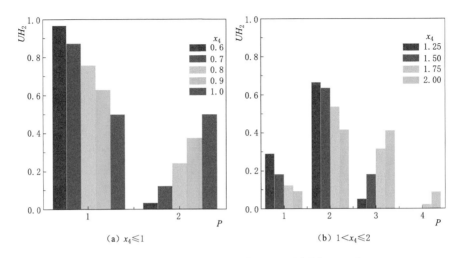

(a) $x_4 \leqslant 1$         (b) $1 < x_4 \leqslant 2$

图 5.4   GR4J 模型汇流单位线 $UH_2$ 示意图（$x_4 \leqslant 2$）

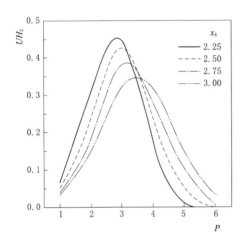

图 5.5   GR4J 模型汇流单位线 $UH_2$
示意图（$2 < x_4 \leqslant 3$）

## 5.1.2   积雪融雪模块

为模拟积雪融雪过程，将 SWAT 模型（Neitsch et al.，2011）的融雪模块融合进 GR4J 模型，计算得到的融雪可用于补充产流水库、蒸发以及直接产流等。先依据日均气温将降水（$P$）划分为降雨（Rainfall）和降雪（Snowfall）两个部分，见图 5.1。当日均气温 $\overline{T}_{av}$ 小于临界气温 $T_{s-r}$ 时，降水为降雪 $P_{snow}$，用于补充流域积雪量 $SNO$（雪水当量，water content of the snow pack），其计算公式为

$$SNO = SNO + P_{snow} - E_{sub} - SNO_{mlt}$$

(5.17)

式中：$SNO_{mlt}$ 为融雪量，mm；$E_{sub}$ 为积雪升华量（sublimation），mm。

受风速、地形以及植物遮挡等多种因素的影响，流域内积雪呈现出不均匀的分布状态。每年影响积雪分布的因素（如海拔、坡向）通常相似，因此将积雪覆盖面积占比与流域平均积雪深相关联，即用一条面积衰减曲线（areal depletion curve）来定量表示流域积雪覆盖占比与积雪深的相关关系，曲线的表达式为

$$SNO_{cov} = \frac{SNO}{SNO_{100}} \left[ \frac{SNO}{SNO_{100}} + \exp\left( cov_1 - cov_2 \frac{SNO}{SNO_{100}} \right) \right]^{-1}$$

(5.18)

式中：$SNO_{cov}$ 为积雪覆盖率，%；$SNO$ 是积雪量，mm；$SNO_{100}$ 为 100% 积雪覆盖率所对应的临界积雪量，mm；$cov_1$ 和 $cov_2$ 为面积衰减曲线的两个形状参数。需要特

别注意的是，当积雪量 $SNO$ 大于 $SNO_{100}$ 时，则假设积雪在流域上均匀分布，即 $SNO_{cov}$ 为 100%。只有当积雪量 $SNO$ 值在 0 与 $SNO_{100}$ 之间时，积雪面积衰减曲线才会在模型计算中发挥作用。

融雪过程受气温、积雪温度、融化速率以及积雪面积影响，当天的融雪量 $SNO_{mlt}$（mm）是积雪、日最高气温与融雪基温（base temperature）之间的差的线性函数：

$$SNO_{mlt} = b_{mlt} SNO_{cov} \left[ \frac{T_{snow} + T_{max}}{2} - T_{mlt} \right] \tag{5.19}$$

式中：$T_{snow}$ 为积雪的温度，℃；$T_{max}$ 为日最高气温，℃；融雪基温 $T_{mlt}$ 为积雪融化的临界温度，℃；$b_{mlt}$ 为融雪因子（melt factor），mm/(d·℃)，一般采用正弦函数模拟融化因子的年内季节性变化：

$$b_{mlt} = \frac{b_{mlt6} + b_{mlt12}}{2} + \frac{b_{mlt6} - b_{mlt12}}{2} \sin \left[ \frac{2\pi}{365} (d_n - 81) \right] \tag{5.20}$$

式中：$b_{mlt}$ 为当天的融雪因子，mm/℃；$b_{mlt6}$、$b_{mlt12}$ 分别为一年中融雪因子的最大值和最小值，mm/℃；$d_n$ 为日序（number of the day）。积雪温度受前一天积雪温度和当天气温影响，并通过延迟因子来控制影响比重，延迟因子考虑了积雪深度、密度和暴露度等影响积雪温度的因子。积雪温度计算公式如下：

$$T_{snow(d_n)} = T_{snow(d_n - 1)} (1 - \iota_{sno}) + \overline{T}_{av} \iota_{sno} \tag{5.21}$$

式中：$T_{snow(d_n)}$ 为当天的积雪温度，℃；$T_{snow(d_n - 1)}$ 为积雪前一天的温度，℃；$\overline{T}_{av}$ 为当日平均气温；$\iota_{sno}$ 为积雪温度延迟因子（snow temperature lag factor），该因子反映了前一天及当天气温对积雪温度影响的比重。关于融雪模块的计算公式、参数意义及取值范围详见 Neitsch 等（2011），考虑融雪径流的 GR4J 模型及其应用可以参考 Li 等（2014）。

积雪融雪模块有 6 个参数，分别是表征积雪覆盖面积占比与流域平均积雪深关系曲线的两个形状参数 $cov_1$ 和 $cov_2$，积雪融化的临界温度-融雪基温 $T_{mlt}$（℃），一年中融雪因子的最大值和最小值 $b_{mlt6}$、$b_{mlt12}$（mm/℃）和反映前一天及当天气温对积雪温度影响比重的积雪温度延迟因子 $\iota_{sno}$。

GR4J_SNOW 模型利用一条面积衰减曲线（形状由参数 $cov_1$ 和 $cov_2$ 决定）来反映不同积雪量情况下流域积雪分布的不均匀性。两个形状参数确定的依据是：当积雪覆盖率 $SNO_{cov}$ 为 95% 时，积雪量为 $SNO_{100}$ 的 95%，即 $SNO = SNO_{100} \times 95\% = SNO_{95}$；当积雪覆盖率 $SNO_{cov}$ 为 50%，积雪量为设定的一个值 $SNO_{50}$，给定 $SNO_{50}$ 和 $SNO_{100}$（或两者的比值 $SNO_{50}/SNO_{100}$），代入到方程中，两者联立求解得到形状参数 $cov_1$ 和 $cov_2$。图 5.6 给出了不同 $SNO_{50}/SNO_{100}$ 情境下流域积雪的面积衰减曲线，可以看出，如果将 $SNO_{100}$ 设置为一个非常小的值（$SNO_{50}/SNO_{100}$ 值接近 1），即表示流域积雪量很小的情况下，积雪即在空间上均匀分布，则面积衰减曲线对积雪融雪过程的影响将很小；随着 $SNO_{100}$ 值的增大（$SNO_{50}/SNO_{100}$ 值的减小），积雪在流域空间上分布不均匀，流域积雪的面积衰减曲线的影响在融雪过程中越加重要。

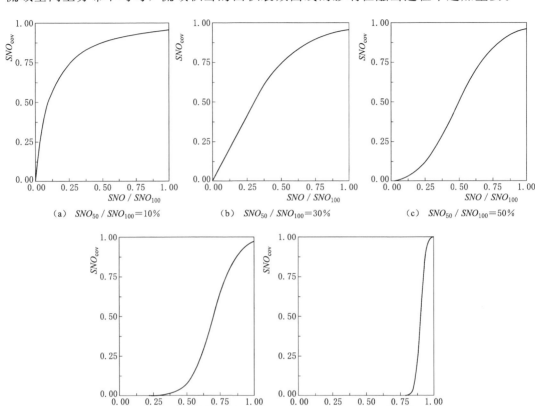

（a）$SNO_{50}/SNO_{100}=10\%$　　　（b）$SNO_{50}/SNO_{100}=30\%$　　　（c）$SNO_{50}/SNO_{100}=50\%$

（d）$SNO_{50}/SNO_{100}=70\%$　　　　　　　（e）$SNO_{50}/SNO_{100}=90\%$

图 5.6　不同 $SNO_{50}/SNO_{100}$ 情境下流域积雪的面积衰减曲线

GR4J_SNOW 模型中考虑到融雪因子 $b_{mlt}$ 在年内分布的异质性，以一条正弦函数曲线来模拟融雪因子 $b_{mlt}$ 的年内分配，分配曲线样例如图 5.7 所示。两个参数 $b_{mlt6}$ 和 $b_{mlt12}$ 之间的差值可以用来反映年内分配的不均匀性，差值越大则代表越不均匀；同时 $b_{mlt6}$ 和 $b_{mlt12}$ 值的大小也反映着研究流域的融雪特性。

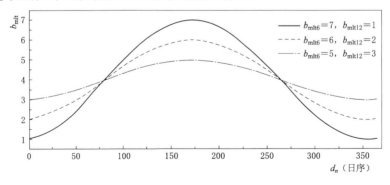

图 5.7　融雪因子 $b_{mlt}$ 年内分配曲线

### 5.1.3 数据准备及径流模拟

将径流资料划分为 2007—2011 年和 2012—2014 年两个阶段（分别记为率定期和验证期），分别用于 GR4J 水文模型参数的率定以及逐日径流模拟效果的验证。利用气象站点降水资料（记为 CMA_P），以原 Nash - Sutcliffe 效率系数（即未做取平方根或对数转换，记为 $NSE_o$）为目标函数，基于 SCE - UA 算法分别率定考虑融雪的 GR4J（记为 GR4J_SNOW）和原 GR4J 模型，比较其在日径流过程模拟中的优劣。模拟的逐日径流过程如图 5.8 所示，各评价指数结果见表 5.2。结果表明，考虑融雪模块之后的 GR4J 模型提高了黄河源区逐日径流模拟的精度，各 $NSE$ 指数都得到显著提高，同时模型模拟的相对误差 $Re$ 不超过 10%。GR4J_SNOW 模型在玛曲站应用效果最好，其次是唐乃亥站，模型对低值流量过程（非汛期）模拟的改善十分显著，从图 5.8 可以看出，GR4J_SNOW 能够更好地模拟这两个水文站 4—5 月的径流峰值过程。

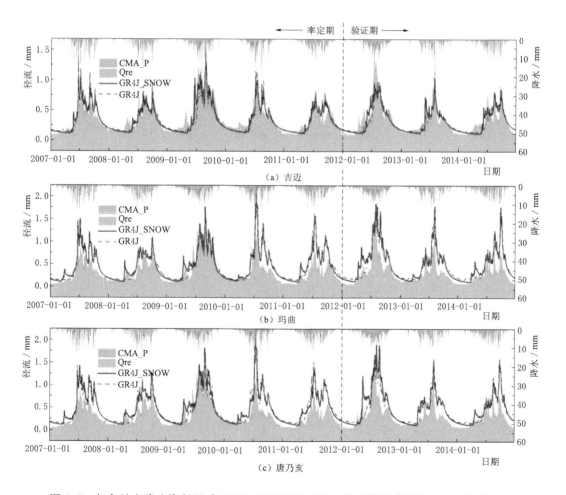

图 5.8 气象站点降水资料驱动 GR4J_SNOW 和 GR4J 模型模拟黄河源区逐日径流过程

表 5.2　　　GR4J_SNOW 和 GR4J 模型模拟黄河源区逐日径流精度指标结果

| 站点 | 率定期 | | 验　证　期 | | | | | |
|---|---|---|---|---|---|---|---|---|
| | $NSE_0$ | $NSE_{log}$ | $NSE_{sqrt}$ | $Re/\%$ | $NSE_0$ | $NSE_{log}$ | $NSE_{sqrt}$ | $Re/\%$ |
| CMA _ P drive GR4J | | | | | | | | |
| 吉迈 | 0.738 | 0.709 | 0.751 | −2.874 | 0.707 | 0.654 | 0.713 | −8.283 |
| 玛曲 | 0.841 | 0.811 | 0.848 | 0.020 | 0.856 | 0.779 | 0.852 | −6.907 |
| 唐乃亥 | 0.850 | 0.825 | 0.858 | −0.458 | 0.818 | 0.804 | 0.842 | −9.060 |
| CMA _ P drive GR4J _ SNOW | | | | | | | | |
| 吉迈 | 0.799 | 0.695 | 0.777 | −3.107 | 0.736 | 0.601 | 0.704 | −2.620 |
| 玛曲 | 0.845 | 0.871 | 0.873 | 4.012 | 0.898 | 0.893 | 0.914 | −3.485 |
| 唐乃亥 | 0.837 | 0.863 | 0.868 | 4.284 | 0.863 | 0.821 | 0.869 | −3.533 |

表 5.3 给出了 GR4J_SNOW 模型在黄河源区 3 个水文站逐日径流过程模拟中的参数率定值，产流水库蓄水容量（$x_1$）的值在 1000mm 左右，而地下水交换系数（$x_2$）都大于 0，表明由于流域不闭合导致的地下水交换方向为地下水补给径流。汇流水库蓄水容量（$x_3$）的值在 70mm 左右，而玛曲站 $x_3$ 值最大，为 75.4mm，表明玛曲站以上流域对汇流调蓄的能力最强。就单位线汇流时间（$x_4$）而言，从吉迈站到玛曲站、唐乃亥站，越往下游，$x_4$ 值越大，黄河源区上、中、下游汇流时间相差约为 1d。

表 5.3　　　GR4J_SNOW 模型在黄河源区径流模拟中的参数率定值

| 模块 | 参数 | 吉迈 | 玛曲 | 唐乃亥 |
|---|---|---|---|---|
| 产汇流 | $x_1$ | 1247.8 | 972.5 | 1108.8 |
| | $x_2$ | 2.050 | 2.458 | 2.393 |
| | $x_3$ | 66.5 | 75.4 | 62.8 |
| | $x_4$ | 2.4 | 3.3 | 4.0 |
| 积雪融雪 | $T_{r-s}$ | −0.71 | −0.12 | 0.07 |
| | $T_{mlt}$ | 6.38 | 5.70 | 5.44 |
| | $SNO_{50}$ | 46.5 | 91.6 | 106.8 |
| | $SNO_{100}$ | 295.0 | 333.1 | 396.5 |
| | $\iota_{sno}$ | 0.618 | 0.639 | 0.678 |
| | $b_{mlt6}$ | 7.46 | 7.06 | 5.64 |
| | $b_{mlt12}$ | 1.62 | 2.37 | 3.46 |

就 GR4J_SNOW 模型的积雪融雪参数的率定值而言，降水划分中的降雨-降雪临界气温参数 $T_{r-s}$ 越往下游逐渐上升，而积雪融化的临界温度-融雪基温 $T_{mlt}$ 则逐渐下降，在 6℃ 左右，上、下游之间融雪基温的温差不大。$SNO_{50}$ 和 $SNO_{100}$ 是两个用于

求解积雪面积衰减曲线形状参数 $cov_1$ 和 $cov_2$ 的 2 个参数，依据这 2 个参数计算得到 3 个水文站积雪面积衰减曲线如图 5.9（a）所示，可以看出，玛曲站以上区域与黄河源区（唐乃亥站以上）具有相近的积雪面积衰减曲线，而上游地区（吉迈站以上）的积雪面积衰减曲线位于玛曲站和唐乃亥站的曲线以上，表明在相同积雪量情况下，吉迈站以上区域的积雪覆盖率（$SNO_{cov}$）更大。依据年内最大、最小的 2 个融雪因子参数 $b_{mlt6}$ 和 $b_{mlt12}$ 计算 3 个水文站融雪因子（$b_{mlt}$）年内分配过程曲线如图 5.9（b）所示，可以看出，越往流域上游，融雪因子年内分配过程越加不均匀，这与气温的年内分配规律较为一致。

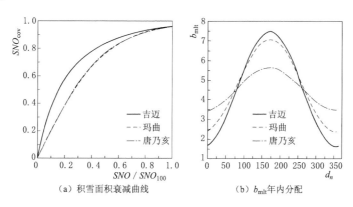

（a）积雪面积衰减曲线　　　　　（b）$b_{mlt}$ 年内分配

图 5.9　黄河源区 GR4J_SNOW 模型融雪模块中面积衰减曲线与 $b_{mlt}$ 年内过程

## 5.2　分布式 PYSWAT 模型及其在漳河上游的应用

### 5.2.1　分布式 PYSWAT 模型

#### 5.2.1.1　SWAT 模型简介

SWAT 模型，全名为 Soil and Water Assessment Tool（土地和水评价工具模型），是由美国得克萨斯农工大学 Jeff G. Arnold 教授等开发的一款流域管理模型，旨在预测土地管理措施对径流、泥沙、污染物等要素的影响。模型已成功应用到小至几平方公里、大至几万平方公里的流域，在径流、泥沙模拟以及生态系统服务评价、综合水资源管理等方面都取得了令人满意的效果。

SWAT 模型采用了子流域嵌套 HRU（Hydrological Response Unit，水文响应单元）的空间离散方式，HRU 根据子流域内栅格的土地利用类型、土壤类型、坡度等级来划定，满足上述三要素相同的栅格即被组合为一个 HRU，HRU 被认为是模型中不可再分的空间单元。模型假定子流域内的气候要素具有空间同质性，因此，各子流域对应一个站点的气象驱动数据，而子流域内各 HRU 的气象驱动数据则相同。子流域计算模块分别考虑了水文、泥沙、养分、植物生长、污染物等过程，这些过程在各个 HRU 上进行计算，汇总到子流域后，在河道上进行汇流演算，得到子流域出口和流域总出口的结果。

### 5.2.1.2　模型改进——PYSWAT

SWAT 模型虽然对于水文生态过程的各个环节进行了详细描述，但由于模型并未考虑需要更多的外部资料输入，因此部分过程的描述仍具有很强的经验性，主要体现在以下几个方面：

（1）植物生长模块中如果植被类型为树木的话，则考虑树木从树苗时期开始生长，每年生长一个阶段，相应的植被指标会随着生长年龄而变化，直到成熟则不再变化。而事实上，一般流域所覆盖的乔木植被都无法确定树木年龄，至少模拟起始时段为树苗的情况十分少见，所以这种情景设定过于理想化。

（2）LAI 的计算为一系列的经验公式，这些经验公式由某个区域的实验结果总结而来，不一定在本研究流域适用，尤其是当缺乏实际资料时，过多假定反而会增加误差。LAI 计算的相关参数来自 SWAT 模型植被数据库，模型根据土地利用类型代码，选择该土地利用类型下的代表植物赋予植被数据库中对应条目的相关参数，如土地利用代码为 FRSD 时，其植被数据库参数的参考植物来自北美的一种壳斗科植物。研究流域的气候及植被群落区系与模型植被数据库的默认设置存在较大差异，因此采用模型植被数据库得到的结果会与流域实际情况存在一定差异。

（3）截留是水文循环过程中最先发生的环节，也是植被对水文过程影响的不可忽视的一部分。SWAT 模型计算中通常选用的 CN 值法不对截留进行单独计算，而是将其囊括为初损的一部分，模型官方源代码有截留计算过程，但只是为截留蒸发计算而准备，输出结果中也没有截留过程。

基于上述考虑，对模型在如下几个方面进行了改进：

（1）对不同土地利用下的植被高度进行赋值，其中森林的高度赋值为 5m，灌丛为 2m，草地为 0.1m，农作物为 0.5m。

（2）遥感数据由于空间覆盖面广、观测时间连续性好、获取容易等优点，为水文模型提供了理想的输入信息和参数取值。利用遥感的 LAI 作为模型输入，直接以此计算截留和蒸发等过程，使模型不再通过假定的公式和参数计算 LAI，减少了不确定性，避免了不合理的计算结果。

（3）冠层截留在原模型中缺乏明确描述，因此为了更全面地反映流域生态水文过程，模型改进中增加了冠层截留的输出。截留容量是截留计算中的重要参数，而 SWAT 关于截留容量的 CANMX 参数常参与模型率定，有可能导致为了所谓的理想率定结果而选择了不合理的参数值，因此这里采用 Galdos 等（2012）的改进 Menzel 方程来截留容量，该公式更好地考虑了截留容量与植被类型及 LAI 的关系，在多个地区也得到了很好的应用，具体公式如下：

$$S_{\max} = f \log(1 + LAI) \tag{5.22}$$

式中：$S_{\max}$ 为截留容量；$f$ 为植被校正因子，该因子与植被类型有关，反映不同植被的截留能力，一般来说，森林取 1.6，灌丛取 2.6，农田草地取 1.0；$LAI$ 为叶面积指数。

（4）引入 Penman – Monteith – Leuning 公式（以下简称 PML 公式）作为蒸散发的计算公式。相比经典的 Penman – Monteith 公式，PML 公式将冠层和土壤作为两种蒸发源分别对待，计算各自的蒸散发量，物理意义明确，冠层导度公式可以更好地反映了植被动态。PML 公式为

$$\lambda E = \lambda E_c + \lambda E_s = \frac{\Delta R_c + \rho_a c_p D_a r_a}{\Delta + \gamma (1 + r_c r_a)} + f \frac{\Delta R_s}{\Delta + \gamma} \tag{5.23}$$

式中：$\lambda$ 为蒸发潜热；$E$ 为蒸散发量；$E_c$ 为植被蒸腾量；$E_s$ 为土壤蒸发量；$R_c$ 为分配给植被的净辐射量；$R_s$ 为分配给土壤的净辐射量；$\Delta$ 为计算时段温度下的饱和水汽压曲线斜率；$\gamma$ 为湿度常数；$\rho_a$ 为空气密度；$c_p$ 为空气定压比热；$D_a$ 为饱和水汽压差；$r_a$ 为空气动力阻抗；$r_c$ 为冠层阻抗，也是冠层导度 $G_c$ 的倒数；$f$ 为湿度校正因子，该因子在 0～1 之间变化，0 表示极度干旱，土壤实际蒸发量为零，1 表示极度湿润，土壤按照蒸发需求量 $E_{Smax}$ 蒸发。

冠层导度 $G_c$ 的计算公式如下：

$$\lambda G_c = \frac{g_{sx}}{k_Q} \ln \left[ \frac{Q_h + Q_{50}}{Q_h \exp(-k_Q LAI) + Q_{50}} \right] \left[ \frac{1}{1 + D/D_{50}} \right] \tag{5.24}$$

式中：$g_{sx}$ 为最大气孔导度；$k_Q$ 为消光系数；$Q_h$ 为冠层上方光合有效辐射，一般取短波辐射的 0.45，即 $0.45R_a$；$Q_{50}$ 和 $D_{50}$ 分别为气孔半开时叶片上的光合有效辐射及水汽压差；由于 $k_Q$、$Q_{50}$ 和 $D_{50}$ 相对不敏感，可以取经验值 0.6kPa、30kPa、0.8kPa；最大气孔导度则根据以往研究结果，为不同土地利用类型赋予不同经验值，通常来说取值为 0.004～0.007。

PML 公式原本未考虑截留蒸发，亦未考虑缺水条件对植被蒸腾的约束。根据模型结构和研究需要进行截留蒸发计算，并分层计算植被和土壤蒸发量以更新土壤含水量，具体过程为：

PML 公式中的植被蒸腾量 $E_c$ 可认为是植被蒸腾需求量（因缺水约束的情况很少发生），而 $E_s$ 在 $f=1$ 时认为是土壤蒸发需求量，二者之和为潜在蒸散发量。根据截留量和潜在蒸散发量计算截留蒸发，方法与 SWAT 模型原理所介绍的相同。将潜在蒸发量扣除截留蒸发部分后按原先植被蒸腾需求和土壤蒸发需求的比例重新计算这两种组分，根据这两种需求量以及土壤水分情况分别计算植被蒸腾量和土壤蒸发量，以及经过蒸散发水分消耗后的土壤含水量。

（5）$CO_2$ 浓度通过影响植被的生理特性，进而对水文循环产生一定影响。考虑到大气中的 $CO_2$ 浓度自观测以来已发生一定程度的变化，且未来情景下，$CO_2$ 浓度仍有较大概率产生明显增长，因此，模型不再像 SWAT 原模型那样将 $CO_2$ 浓度作为参数，而是直接将其作为输入要素，以动态地模拟 $CO_2$ 浓度变化下的生态水文响应。

## 5.2.2　关键模块及参数

以 Python 3.7.2（64 位）为编程平台，结合 SWAT 源代码和五个方面的改进思路，开发了 PYSWAT 水文模拟框架。该框架以 Python IDLE 为交互命令窗口，通过读取 SWAT 模拟文件夹下属 TxtInOut 文件夹里的驱动输入数据以及参数，调用以 Python 编写的模型过程函数（关键模块见表 5.4）来运行模型，并可进行后续的参数调整、结果对比、可视化输出展示等。

表 5.4　　　　　　　　　　　　PYSWAT 水文模拟关键模块

| 函数名称 | 功　　能 | 函数名称 | 功　　能 |
|---|---|---|---|
| run_swat | 主程序 | percmicro | 计算各层土壤下渗量及侧向径流量 |
| read_climate | 读入气候驱动数据 | sat_excess | 土壤水饱和超蓄计算 |
| read_lai | 读入 LAI 数据 | pml0 | 截留蒸发及土壤植被蒸散发需求计算 |
| get_para | 读入模型参数 | pml_etact | 土壤蒸发量计算 |
| subbsn | 子流域过程计算程序 | pml_epact | 植被蒸腾量计算 |
| canopyint | 冠层截留过程计算 | gwmod | 浅层地下水过程计算 |
| dailycn | 根据土壤水分条件计算每日 CN 值 | gwmod_deep | 深层地下水过程计算 |
| surq_daycn | CN 法降雨地表产流计算 | route | 河道过程计算 |
| surfst_h2 | 地表径流的滞留调蓄计算 | rtmusk | 马斯京根法计算河道出流 |
| percmain | 土壤水过程计算 | | |

模型对水文过程影响较显著的关键参数如下：

（1）CN2，一般湿度条件下的 CN 值。CN2 是控制地表产流的关键参数，对场次暴雨产流量的影响极为显著，CN2 减少，地表产流减少，且干旱条件下，CN2 减小造成的地表产流减少比例较高，甚至出现不产流的情况；另外，由于 CN2 减少使得更多降雨被拦截，因此更多水分通过下渗补充土壤水，造成退水过程流量增加。由于峰值流量对 CN2 的改变特别敏感，而 NSE 更偏向关注高流量，所以 CN2 的改变显著影响 NSE，对模型运行效果有着全局性的影响。

（2）SOL_AWC，土壤有效含水量。为田间持水量与凋萎含水量之差，这部分水量可以为植物所利用。SOL_AWC 决定了田间持水量的大小，田间持水量决定了包气带中自由水含量，并以此影响侧向径流和地下水补给量。

（3）SOL_BD，土壤湿容重。SWAT 模型中，凋萎含水量通过湿容重以及黏土含量的经验公式计算得出，另外通过湿容重可以计算出土壤孔隙率，从而确定土壤饱和含水量。因此，该参数为确定土壤属性的重要参数，进而影响土壤水过程。

（4）ESCO，蒸发补偿系数。减小该参数，则更多蒸发量从土壤深层产生，总体蒸发量增加，径流量也会有所减小。

（5）ALPHA_BF，基流退水常数。通过该参数得到的 ALPHA_BFE 决定了地下径流中有多少比例为当天产生的地下径流，反映了地下水库的调蓄作用，参数值越大，当天产生地下径流占地下总径流的比例越小，调蓄作用越明显。

（6）GWQMN，浅层地下水回流水位。该值为地下水库的"门槛"，一旦地下水蓄量水位超过该值，则模型判断产生地下径流。该参数决定了地下水流出量的多少，对退水过程有影响，尤其是对大水后退水过程的影响格外显著，而对峰值流量的影响则十分轻微。另外，由于该参数变化幅度较大，因此对流域水量平衡也有一定影响，率定时需要对该参数进行约束。

（7）GW_DELAY，地下水滞留时间。该参数衍生的 GW_DELAYE 决定地下水补给量中由当天从土壤层中渗漏补给的比例，参数越大，则地下水补给量中前一天补给量的比重增加，当天土壤水渗漏补给比例越小，地下水库的调蓄作用更加明显。该参数较小时，退水过程的水量明显大于参数较大者，对于总的水量平衡来说，GW_DELAY 减小，径流量均值将增加。

（8）CH_N2，主河道糙率系数。该参数会影响马斯京根法的汇流系数，参数值越大，前一时刻出流的贡献越大，说明主河道的调蓄能力越强。

（9）SURLAG，地表径流延迟系数。该参数可以表征为地表径流的调蓄系数，决定地表产流在"地表水库"上的时间分配，参数值越大，地表径流中当天产生的比例越大，地表水库调蓄作用越小。

## 5.2.3 数据准备及径流模拟

### 5.2.3.1 数据准备

流域 DEM 采用 ASTER GDEM 高程数据，空间分辨率约为 30m。根据研究区域的位置获取对应栅格数据文件，以流域边界矢量文件为掩膜裁剪得到流域高程数据文件。利用地形数据划分子流域，并生成坡度数据及坡度等级。将坡度以 3% 为阈值分为两级：坡度小于 3% 的平地及大于 3% 的坡地 [图 5.10（a）]。

土地覆盖采用 MODIS MCD12 Q1 产品，空间分辨率为 500m。将原数据默认的 IGBP 土地覆盖分类代码与 SWAT 模型的植被数据库进行对应，建立索引表并对土地利用图进行重分类 [图 5.10（b）]。

采用 HWSD 世界土壤数据库建立 SWAT 模型土壤类型图并获取土壤属性数据。根据 HWSD 中每种土壤的黏土含量、含沙量、有机碳含量在 SPAW 软件中查找计算植物有效可用水量、土壤饱和导水率、土壤湿容重等关键土壤水力参数（图 5.11）。在 SWAT 自带数据库中更新 usersoil 数据表，输入处理好的土壤属性数据，通过建立土壤类型代码与土壤名称的索引表，并对土壤类型图进行重分类 [图 5.10（c）]，使得模型能够识别这些土壤类型并关联相应的属性数据，为 sol 文件赋值参数。

根据研究区域内雨量站点分布及地理特征，将其划分成 7 个子流域，在对土地覆盖类型、土壤类型、坡度分级进行叠加分析的基础上进行 HRU 划分，共得到 36 个

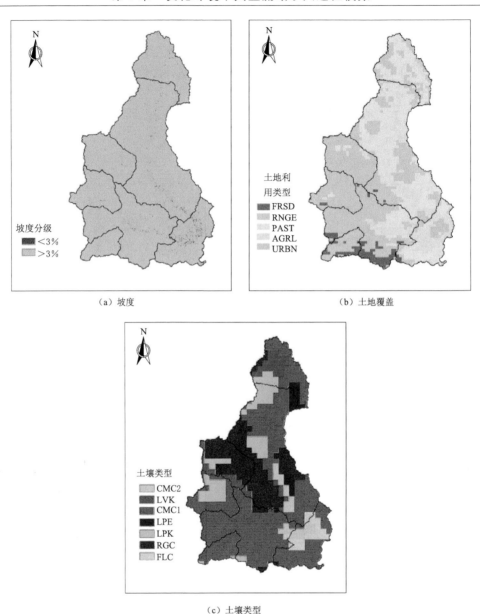

（a）坡度　　　　　　　　　　　（b）土地覆盖

（c）土壤类型

图 5.10　PYSWAT 模拟基础地图

HRU，这是生态水文过程计算的基本单元，通过集合子流域内各 HRU 的水文要素计算结果得到子流域的产流量过程，各子流域的产流量通过汇流计算得到流域总出口的径流量。

　　模型采用逐日降水、逐日最高、最低气温、逐日相对湿度、逐日风速、逐日太阳辐射等作为模型运行的气象数据驱动。

　　根据重建的 1958—2012 年逐日 LAI 数据作为植被数据驱动。考虑到流域面积有限，同类型的植被在空间分布上不会存在显著差异，因此根据模型的土地利用类型准

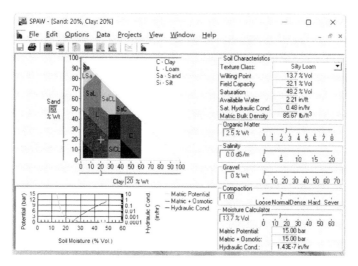

图 5.11　SPAW 软件计算土壤水力参数

备对应的 *LAI* 数据，并根据各 HRU 的土地覆盖类型，将某土地覆盖类型对应的 *LAI* 数据分配至各 HRU。

由于径流在 1977 年后发生突变，故模拟时段选为 1958—1977 年，其中 1958—1972 年为率定期，1973—1977 年为验证期。选择纳什效率系数 *NSE* 和百分比偏差度 *PBIAS* 对径流观测值和模拟值的吻合度进行计算来评价模拟效果。

### 5.2.3.2　径流模拟效果评价

分别采用基准 SWAT 模型和改进的 PYSWAT 模型对 1958—1972 年的逐日径流进行模拟和参数率定，图 5.12 给出了实测和 PYSWAT 模型模拟的逐日流量过程，表 5.5 统计给出了两模型的模拟效果。

表 5.5　　　　　　　　　　基准 SWAT 与 PYSWAT 逐日径流模拟效果对比

| 模　　型 | 时　期 | *NSE* | *PBIAS*/% |
|---|---|---|---|
| 基准 SWAT | 率定期 | 0.763 | 4.65 |
| | 验证期 | 0.589 | 8.39 |
| PYSWAT | 率定期 | 0.829 | 2.51 |
| | 验证期 | 0.724 | 3.02 |

从表 5.5 中可以看出，PYSWAT 模拟效果总体相对基准 SWAT 有一定改进，其率定期的 *NSE* 超过 0.8，大于基准 SWAT 模型的 *NSE*，其验证期的 *NSE* 也超过 0.7，远大于基础 SWAT 模型的模拟效果（*NSE*＝0.589），说明耦合遥感植被信息的 PYSWAT 更好地表达了植被物候特性对水文过程的影响。两个模型的验证期 *NSE* 都低于率定期 *NSE*，这是因为率定期的气候条件相对湿润，高流量的产生概率较多，而 *NSE* 对高流量更敏感，因此 *NSE* 会相对偏高，尤其是 1963 年 8 月海河流域大暴

雨，贡献了极高流量，也"拉高"了 $NSE$。此外，半干旱半湿润地区降水量偏少、年际年内变异大，空间分布不均、流域湿润程度低等诸多因素亦对径流的模拟效果造成一定影响，但 PYSWAT 的验证期 $NSE$ 超过了 0.7，相对该研究流域的地理条件来说，已是较为满意的结果。

在模型对水量平衡过程的约束方面，PYSWAT 的表现显著优于前者，其率定期和验证期的 PBIAS 都在 5％以内，模拟径流和实测径流的平均值相差很小，这表明模型能够很好地模拟蔡家庄流域的水量平衡过程，对于分析中长期水文要素变化趋势也十分重要（图 5.12）。

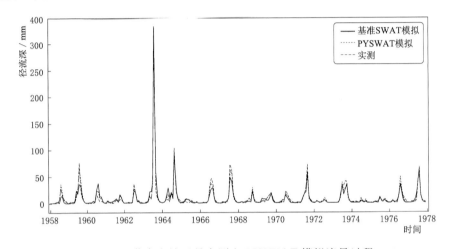

图 5.12　蔡家庄站逐月实测和 PYSWAT 模拟流量过程

由图 5.12 可以看出，PYSWAT 对漳河上游流域具有较好的模拟效果，模拟与实测径流过程的吻合程度较高。图 5.13 给出了实测与模拟的多年平均月过程，可以看出，PYSWAT 的模拟结果亦更贴近实测径流的变化过程，在 5—8 月植被生长期体现得尤为突出，由此可以认为植被物候过程的精确表达在一定程度上提升了模拟径流年内变化的真实度。

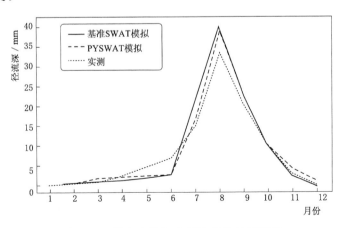

图 5.13　蔡家庄站年内径流变化过程模拟

PYSWAT 对水文模拟的改进不仅体现在径流模拟效果上，由于它采用了遥感 *LAI* 数据而非模型自带的 *LAI* 计算经验公式，因此更加客观地反映了流域实际的植被变化情况。从图 5.14 中也不难看出，遥感 *LAI* 的物候变化韵律与降水、温度等气候要素的年内变化过程吻合较好，符合植物生长的一般规律，与相近地区的植被物候变化规律也基本一致；而 SWAT 自带经验公式计算 *LAI* 的变化曲线明显有悖于研究区域气候、地理条件下的植被物候变化特性，如植被在夏季才开始萌发，而到 1 月前突然凋零。这种 *LAI* 年内过程的异常不免有植被参数设置的问题，但绝大多数的 SWAT 模型应用中并未涉及这一项的率定，使用人员难以发现这样的细节问题，即便要进行改动，若 HRU 的划分数量过多，很难保证估计每个计算单元相关植被参数设置的准确性，因为这需要对研究区域大量的基础知识和实践经验，对于缺资料流域，操作可行性并不大。因此，采用遥感 *LAI* 直接作为外部输入驱动模型运行，可以更全面地利用外部信息、更好地接近真实水文循环过程，所得到的模拟结果也具有更可靠的数据背景。此外值得指出的是，*LAI* 作为与水文过程密切相关的植被指标，其对截留过程、蒸发过程（尤其是植被蒸腾过程）具有直接显著的影响，这些水文循环变量必然会通过一定的方式影响到径流模拟结果。

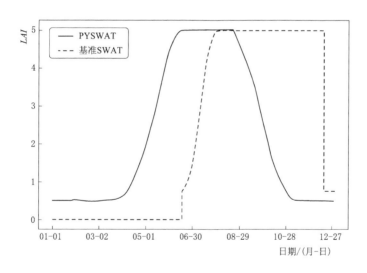

图 5.14 基准 SWAT 与 PYSWAT *LAI* 典型年内过程对比

## 5.3 基于数据流挖掘的径流动态模拟模型及其在清流河流域的应用

### 5.3.1 数据流挖掘及模型

针对变化环境对动态径流模拟带来的挑战，数据流模型提供了一种有前景的方法和新的视角。与传统数据不同，数据流的特征在于其连续性、大数据量和时间演变过程的相依性（Shao et al.，2017a）。数据流模型旨在处理数据流，尤其关注动态演化特征及相互的驱动响应关系（Cabrera et al.，2018）。在该研究中，驱动因子（例如，气候变量）和相对应的径流时间序列被视为数据流，径流和驱动因子之间关系的变化视为数据流中的突变或渐变（概念漂移）。从新的角度来看，径流模拟的问题被转移到数据流挖掘任务。

在过去的几十年中，已经提出了数百种用于数据挖掘的技术（Shao et al.，2016；Gomes et al.，2017；Shao et al.，2017b），并且已经广泛用于水资源研究（Yang et al.，2011；Yang et al.，2015；Tan ct al.，2018）和环境科学（Gibert et al.，2018）。本节重点展示相关的概念漂移检测方法和数据流学习方法。

概念漂移，定义为给定输入数据的目标变量的条件分布的变化（Widmer et al.，1996）。概念漂移检测的目的是捕获数据流中数据模式的变化。根据变化的速度，概念漂移可以归类为渐变的概念漂移或突变的概念漂移。为了检测渐变的概念漂移，最常用的方法是滑动窗口模型和衰减函数。但是，窗口大小的选择对模型的性能具有决定性影响。为了识别突变的概念漂移，采用了两种策略：基于分布的方法（Kuncheva，2008）和基于误差率的方法（Ross et al.，2012）。基于分布的方法通过动态监视两个固定或自适应数据窗口之间的分布变化来检测概念漂移。例如，ADWIN（ADaptive WINdowing）（Bifet et al.，2007）维护数据流的时间窗口，将窗口分成两个子窗口，最后通过比较两个子窗口的期望值的差异来决定是否收缩窗口。由于数据流的演变性质，通常很难确定适当的窗口大小。此外，依赖于窗口的方法倾向于以相对慢的方式检测和识别概念漂移。基于错误率的方法通过动态监视数据流预测的性能来识别概念漂移，当性能变差时认为发生了概念漂移。一种典型的代表性算法是DDM（The Drift Detection Method）（Gama et al.，2004）。但是，由于预测性能也很大程度上取决于噪声实例和学习模型本身，因此基于错误率的方法并不总是一个好的选择。

关于数据流学习，主要有两种策略：基于模型和基于实例的策略。基于模型的策略是从固定数量或者可变数量的近期数据中学习以更新预测模型（Ikonomovska et al.，2011；Almeida et al.，2013）。例如，Ikonomovska 等（2011）提出了一种基于决策树的数据流回归算法，该算法可以递增更新决策树以适应数据流中的概念漂移。Almeida 等（2013）开发了一种名为 AMRules 的基于规则的回归算法，该算法可以根据 Page-Hinkley 测试，根据漂移检测的概念自适应更新模型。基于实例的策略通过将采样数据视为实例来挖掘数据流模式，Shaker 等（2012）提出了一种基于惰性学习的算法（IBLStreams），用于数据流回归和分类。基于采样数据的空间和时间相关性和一致性，IBLStream 删除或添加样本以便维护表示当前数据模式的数据。Cabrera 等（2018）提出了一种基于案例的随机学习方法，用于通过基于案例的推理系统进行环境数据流挖掘。

## 5.3.2 基于数据流挖掘的径流动态模拟模型

### 5.3.2.1 演化关系检测和适应

在环境变化的背景下，径流与其影响因素之间的关系可能会平滑地或突然地发生变化，这分别对应于数据流挖掘中渐变的概念漂移和突变的概念漂移。

在处理渐变的概念漂移时，采用基于实例的学习模型 IBLStreams（Shaker et al.，2012）来自动优化实例的组合和大小，而不是使用固定大小滑动窗口中的最新数据来重新训练模型。在基于实例的学习中，目标函数不需要花费时间来构建全局模型，而是通过利用所选实例的均值来进行局部近似。基于实例的学习算法的固有增量性质及其简单灵活的自适应机制，使得这种算法适合于复杂动态环境中学习（Shao et al.，2014）。具体地，对于时间步长 $i$，新的输入时间序列（$X_i$，$Y_i$）分别为 $X_i = (R_i$，$T_i$，$E_i)$，$Y_i = Q_i$；其中 $R_i$、$T_i$、$E_i$、$Q_i$ 表示降雨、温度、蒸发和径流。首先，将上述数据系列添加到相关的基集。在学习过程中，相关基本集将动态更新，其中一些冗余数据或异常值将被删除，以更好地表征径流与其影响因素之间的关系。在 $X_i$ 附近的一组示例被视为候选。然后，邻域集 **C** 中的 $k_c$ 最年轻的例子用于确定置信区间如下：

$$CI = \left[ \overline{y} - Z_{\frac{a}{2}} \frac{\sigma}{\sqrt{k_c}}, \overline{y} + Z_{\frac{a}{2}} \frac{\sigma}{\sqrt{k_c}} \right] \tag{5.25}$$

式中：$CI$ 为置信区间；$\overline{y}$ 为最年轻的 $k_c$ 例子的平均目标值（即 $Y_i$）；$\sigma$ 为标准差；$\alpha$ 为显著性水平，$\alpha$ 可设定为 0.001。如果 **C** 中的候选示例超出此置信区间并且不是最新的 $k_c$ 实例之一，则将其删除。

对于突然的概念漂移，由于径流与其影响因素之间的关系发生了显著变化，因此应立即消除相关基准集中的旧实例。本研究应用统计检验（Gama et al.，2004）检测突然的概念漂移。具体来说，保持最后 50 个训练实例的平均绝对误差 $e$ 和标准差 $s$。设 $e_{\min}$ 表示这些误差中最小的，$s_{\min}$ 是相关的标准偏差。如果 $e$ 的当前值明显高于使用标准 $Z$ 测试的 $e_{\min}$，则检测到变化。一旦检测到这种突然变化，则使用相对误差增加量来确定要去除的旧样本的百分比。

### 5.3.2.2 利用演化关系学习进行径流模拟

在数据流关系检测和适应的基础上，采用最近邻分类器形式的基于实例的学习进行径流模拟。最简单和典型的方法是使用邻居输出的加权平均值作为预测。形式上，给定输入向量 $X_i = (X_i^1$，…，$X_i^m)$，其中，$m$ 是所考虑的影响因子数量，$i$ 是数据样本的数量，其输出 $Y_i$ 可以估计如下：

$$Y_i^{est} = X_j N_k(X_i) w(X_j) Y_j \tag{5.26}$$

为了获得更好的预测性能，假设径流与其影响因子之间的关系至少可以用如下的局部加权线性回归函数近似表示：

$$Y_i = f(X_i^1, \cdots, X_i^m) = \beta_0 + \sum_{j=1}^{m} \beta_j X_i^j = \beta^{\mathrm{T}} \begin{bmatrix} 1 \\ X_i \end{bmatrix} \tag{5.27}$$

式中：$X_i^j$ 为示例 $X_i$ 的第 $j$ 维，并且 $\beta^T = \{\beta_0, \beta_1, \cdots, \beta_m\}$ 是 $X_i$ 的对应系数，采用下述公式进行估计：

$$\hat{\beta} = (X^T W X)^{-1} X^T W Y \tag{5.28}$$

式中：$W$ 为对角线权重矩阵 $diag(w_1, \cdots, w_k)$，其中，$w_i$ 定义为

$$w(X_j) = \frac{\dfrac{1}{d(X_j, X_i)}}{\sum_{X_j N_k(X_i)} \dfrac{1}{d(X_j, X_i)}} \tag{5.29}$$

式中：$d(X_j, X_i)$ 为度量函数，为欧几里得距离。

如果 $X^T W X$ 是单数且其逆不存在，则式 (5.26) 中的加权平均值将被用来作为预测值。

最近邻分类器的性能受邻居数量的影响。给定 $K$ 一个初始值，然后通过检查参数是否通过，对当前值进行增加或减少来自动更新 $K$。为此，由最后 100 个实例分别与 $K-1$ 和 $K+1$ 个邻居作为窗口计算平均误差。根据这两个变体中平均误差较小的变体进行调整当前 $K$（Shaker et al.，2012）。

图 5.15 展示了基于实例的数据流模型的框架。

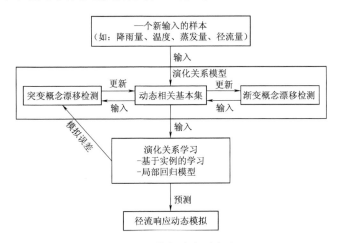

图 5.15　数据流方法框架

### 5.3.2.3　评估指标

在本研究中，选取 Nash - Sutcliffe 模型效率系数（$NSE$）、平均绝对误差（$MAE$）、均方根误差（$RMSE$）、相对体积误差（$RE$）以及 Akaike 信息准则（$AIC$）和贝叶斯信息准则（$BIC$）选择）作为评估标准来评估模型的性能（Bennett, et al.，2013）。

$$NSE = 1 - \frac{\sum_{i=1}^{N}(Y_i^{est} - Y_i)^2}{\sum_{i=1}^{N}(Y_i - \overline{Y}_i)^2} \tag{5.30}$$

$$MAE = \frac{\sum_{i=1}^{N} |Y_i^{est} - Y_i|}{N} \qquad (5.31)$$

$$RMSE = \sqrt{\frac{\sum_{i=1}^{N} (Y_i^{est} - Y_i)^2}{N}} \qquad (5.32)$$

$$RE = \frac{\sum_{i=1}^{N} (Y_i^{est} - Y_i)}{\sum_{i=1}^{N} Y_i} \qquad (5.33)$$

$$AIC = 2k - 2\ln(L) \qquad (5.34)$$

$$BIC = k\ln(N) - 2\ln(L) \qquad (5.35)$$

式中：$Y_i^{est}$ 为模拟径流；$Y_i$ 为实测径流；$\overline{Y_l}$ 为实测径流的平均值；$N$ 为样本数；$k$ 为模型参数个数；$L$ 为似然函数的最大值。

## 5.3.3 基于数据流模型的清流河流域径流模拟

基于清流河流域 2000—2010 年的气象资料与植被增强指数资料，利用数据流模型和不同的 $K$ 值模拟滁州站径流量过程，表 5.7 统计给出了径流模拟结果。由表 5.6 可以看出，数据流模型具有比较稳定且良好的径流模拟效果，不同 $K$ 值情况下的相对误差均较小（小于 1%）。对考虑和不考虑 $EVI$ 的数据流模型，$NSE$ 的范围分别为 0.85~0.88 或 0.83~0.85。参数 $K$ 的不敏感性表明数据流模型可能适用于有限长度的数据。

**表 5.6 不同 $K$ 值和是否考虑 $EVI$ 条件下清流河流域 2000—2010 年径流模拟效果**

| $K$ 值 | 不考虑 $EVI$ | | | | 考虑 $EVI$ | | | |
|---|---|---|---|---|---|---|---|---|
| | $NSE$ | $MAE$ | $RMSE$ | $RE$ | $NSE$ | $MAE$ | $RMSE$ | $RE$ |
| $K=30$ | 0.83 | 4.42 | 7.90 | 0.05 | 0.88 | 4.03 | 6.70 | −0.04 |
| $K=35$ | 0.83 | 4.40 | 7.86 | 0.05 | 0.86 | 4.11 | 7.07 | −0.04 |
| $K=40$ | 0.85 | 4.31 | 7.55 | 0.05 | 0.87 | 4.09 | 6.87 | −0.04 |
| $K=45$ | 0.85 | 4.30 | 7.54 | 0.05 | 0.86 | 4.23 | 7.14 | −0.04 |
| $K=50$ | 0.85 | 4.23 | 7.45 | 0.04 | 0.86 | 4.29 | 7.14 | −0.04 |
| $K=55$ | 0.85 | 4.21 | 7.39 | 0.04 | 0.86 | 4.39 | 7.31 | −0.05 |
| $K=60$ | 0.85 | 4.28 | 7.51 | 0.04 | 0.85 | 4.54 | 7.48 | −0.05 |
| 平均 | 0.84 | 4.31 | 7.60 | 0.05 | 0.86 | 4.24 | 7.10 | −0.04 |

**注** $EVI$ 为植被增强指数，$NSE$ 为 Nash-Sutcliffe 模型效率系数，$MAE$ 为平均绝对误差，$RMSE$ 为均方根误差，$RE$ 为相对误差。

值得注意地是，就所有评估指标对比发现，考虑 $EVI$ 的数据流模型对径流的模拟效果要好于没有考虑 $EVI$ 的数据流模型。这一发现意味着 $EVI$ 是径流变化的重要影响要素之一，应在径流模拟中予以考虑。这可从两方面解释：①代表植被覆盖的 $EVI$ 通过影响蒸散和拦截过程进而影响径流（Marques et al.，2007）；②$EVI$ 变化，某种程度上可反映土地利用变化，通过改变土壤储存能力影响径流的产生（Rogger et al.，2017）。此外，利用 $EVI$ 的数据流模型的相对误差（$RE$）为负，而没有利用 $EVI$ 的数据流模型相对误差为正。这意味着前一模型中的径流估计不足，后一模型中的径流估计稍高。

在 $K=30$，同时考虑 $EVI$ 的情况下，径流模拟效果最佳（即 $NSE=0.88$，$MAE=4.03$，$RMSE=6.7$，$RE=-0.04$），图 5.16 给出了 2000—2010 年模拟和实测的月径流过程。可以看出，只有个别峰值模拟误差较大，数据流模型总体可以很好地模拟了径流响应，能够捕捉到径流变化的趋势和降雨-径流关系的演变。

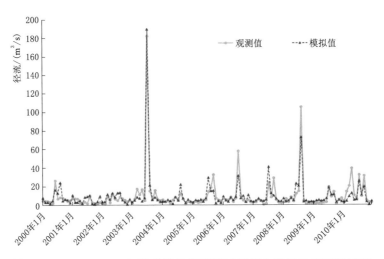

图 5.16　2000—2010 年滁州站数据流模型模拟和实测月径流量过程

为了进一步测试数据流模型的模拟效果，表 5.7 给出了数据流模型与三个数据驱动模型和六个水文模型在清河流域的径流模拟结果对比。模拟效果的评价指标为 $NSE$、$MAE$、$RMSE$、$RE$、$AIC$ 和 $BIC$ 可以发现，除了 $MAE$ 之外，与其他可比模型相比，数据流模型在 $NSE$、$RMSE$ 和 $RE$ 方面都获得了最佳结果。SWAT 模型进行径流模拟也取得了较好的结果，$NSE$ 为 0.82，最小 $MAE$ 值为 3.97。相比之下，五个集总式水文模型的 $MAE$ 总体偏高，$SVR$ 的 $NSE$ 相对偏低。

表 5.7　　　　不同模型对清流河流域 2000—2010 年径流量模拟效果对比

| 模型类型 | 模型 | $NSE$ | $MAE$ | $RMSE$ | $RE$ | $AIC$ | $BIC$ |
|---|---|---|---|---|---|---|---|
| 数据流模型 | 考虑 $EVI$ | 0.88 | 4.03 | 6.70 | $-0.04$ | 267.08 | 290.14 |
| | 不考虑 $EVI$ | 0.85 | 4.21 | 7.39 | 0.04 | 280.02 | 303.08 |
| 数据驱动模型 | SVR 考虑 $EVI$ | 0.44 | 5.15 | 14.34 | $-0.24$ | 369.48 | 395.43 |
| | SVR 不考虑 $EVI$ | 0.44 | 5.14 | 14.38 | $-0.24$ | 369.94 | 395.88 |
| | ANN 考虑 $EVI$ | 0.48 | 5.62 | 13.84 | 0.30 | 364.80 | 390.75 |
| | ANN 不考虑 $EVI$ | 0.81 | 4.33 | 8.42 | 0.05 | 299.16 | 325.11 |

续表

| 模型类型 | 模型 | NSE | MAE | RMSE | RE | AIC | BIC |
|---|---|---|---|---|---|---|---|
| 数据驱动模型 | RF 考虑 EVI | 0.80 | 5.08 | 8.50 | 0.10 | 296.50 | 316.68 |
| | RF 不考虑 EVI | 0.80 | 5.36 | 8.64 | 0.15 | 298.61 | 318.79 |
| 半分布式水文模型 | SWAT | 0.82 | 3.97 | 8.12 | 0.07 | 312.45 | 364.34 |
| 集总式水文模型 | SimHyd | 0.82 | 12.55 | 20.54 | 0.43 | 412.95 | 433.13 |
| | Tank | 0.75 | 13.64 | 20.05 | 0.44 | 431.77 | 483.66 |
| | AWBM | 0.77 | 11.33 | 24.32 | 0.26 | 437.25 | 460.31 |
| | Sacramento | 0.71 | 14.62 | 26.15 | 0.43 | 462.83 | 508.95 |
| | SMAR | 0.63 | 14.38 | 29.34 | 0.35 | 464.02 | 489.97 |

**注** $NSE$ 为 Nash－Sutcliffe 模型效率系数；$MAE$ 为平均绝对误差；$RMSE$ 为均方根误差；$RE$ 为相对误差；$AIC$ 为 Akaike 信息标准；$BIC$ 为贝叶斯信息准则；$SVR$ 为支持向量回归；$ANN$ 为人工神经网络；$RF$ 为随机森林。

## 5.4 本章小结

本章重点介绍了变化环境下三个典型流域的水文过程模拟。针对每个典型研究流域，分别介绍了水文过程模拟方法/模型、所需数据，并对径流模拟结果进行了分析与讨论。考虑积雪的集总式 GR4J 模型被用于黄河源区的水文过程模拟，结果显示在玛曲站应用效果最好，其次是唐乃亥站，模型对低值流量过程（非汛期）模拟的改善十分显著。分布式 PYSWAT 模型被用以漳河流域水文过程模拟，结果表明 PYS-WAT 在验证期表现优越，其 $NSE$（0.720）比基准 SWAT 高出 30%，并且该模型耦合了遥感植被信息，更好地表达了植被物候特性及其对水文过程的影响。基于数据流挖掘的径流动态模拟模型被用于清流河流域的径流模拟，该方法的优势在于可动态捕捉影响因素与径流之间的关系并更新模型。结果表明，月尺度径流模拟的精度 $NSE$ 可达 0.85，优于传统的数据驱动模型以及代表性集总式水文模型。

# 第6章 典型流域环境变化的水文响应

## 6.1 漳河流域上游环境变化的水文响应

### 6.1.1 漳河流域上游下垫面变化的产流量响应

为了全面认识下垫面变化的产流量响应特征,首先统计各植被类型下对应 HRU 的产流量,分析产流量随植被类型的空间差异性(图 6.1),其中林地的产流量最少,仅约 100mm,而草地的产流量在各植被类型中最多,比林地产流量多出 60% 左右。林地产流量偏低显现出其在涵养水源、维持区域生态系统功能的重要作用:冠层截留拦蓄了一部分雨水,并降低雨水动能,减轻地面溅蚀;林下的枯落物层进一步蓄积到达地面的雨水,降低地表水流的水量和流速,减少对土

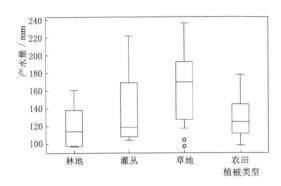

图 6.1 不同植被类型下的植被产流量

壤表面的侵蚀,有效防止了水土流失;由于地表径流比例降低,加之树木发达的根系增加了土壤孔隙,更多水分经由土壤下渗从地下流出,增加了水流在流域中的滞留时间,减少了径流的变差程度,改善丰枯不均匀性。另外,同一植被类型下的 HRU 产流量也存在较大差异,这也反映了土壤和气候在下垫面变化水文效应上的叠加影响。

根据流域的主要植被类型,设定两个变化情景分析植被类型改变时产流量的响应,灌丛向林地转化、灌丛向草地转化。下垫面对产水量的影响还会受到土壤和气候的附加作用,综合考虑这种影响,采用如下思路分析:

(1)选择土壤类型各不相同的典型 HRU,由于流域共有 6 种土壤类型,故选定 6 个典型 HRU,将下垫面类型设定为灌丛、气候输入采用 1 号子流域的气候要素,并运行模型计算相应的产流量。

(2)分别将灌丛改变为林地和草地,依次计算下垫面为林地和草地两种情景下各典型 HRU 相应的产流量,对比其与灌丛水文要素值的差异,以此反映在一定气候条件下土壤类型对下垫面变化下水文要素响应的附加影响。

（3）将 2～7 号子流域的气候要素依次作为典型 HRU 的气候输入，分别计算两种下垫面变化情景下的产流量变化，以此反映不同土壤类型、不同气候条件下的下垫面改变对产流量的影响。

计算结果表明，当灌丛向林地转变时，HRU 产流量减小幅度为 10～40mm（图 6.2），多数减少 15～25mm，产流量变化受土壤和气候条件调节均较明显，其中 FLC 土壤上减水效果更明显，约 32mm；而使用 1 号子流域气候输入，产流量减幅亦较大，约 28mm。而当灌丛向草地转变时，产流量的增加范围为 15～35mm，其中 LPK 土壤上的增水幅度较小，约 13mm，而 FLC 土壤上的增水效果较明显，约 25mm；5 号子流域气候条件输入下的产流量增加约 25.6mm，明显多于其他子流域。

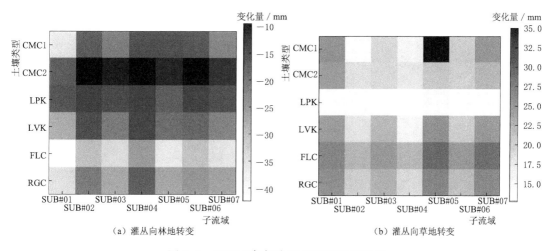

图 6.2 下垫面条件改变下的产流量变化

## 6.1.2 漳河流域上游下垫面变化的蒸散发响应

类比产流量，统计各植被类型下对应 HRU 的蒸散发量及其各组分，分析蒸散发随植被类型的空间差异（图 6.3）。可以看出，林地的蒸散发约 470mm，显著高于其他植被类型，其次为灌丛和农田，二者蒸散发量相近，分别为 435mm 左右，而草地的蒸散发较少，约 410mm。除了这种总体水平上的差异，各植被类型的蒸散发量在箱线图中亦具有一定幅度的变异，说明不同 HRU 的气候和土壤等要素的差异也在一定程度上控制蒸散发的多少。

就蒸散发各组分而言，植被蒸腾量随植被类型的变化格局大体为：林地＞灌丛＞农田＞草地，因为植被蒸腾量由气孔导度、$LAI$ 等植被特性以及土壤供水能力、蒸发能力共同决定，所以不同植被类型的植被覆盖度存在较大的差异。值得注意的是，土壤蒸发与植被蒸腾存在一定的互补关系，随着植被郁闭程度的下降，更多的辐射能量用于土壤的蒸发，如林地的土壤蒸发量只有 40mm 左右，仅为草地和农田的 1/3。截留蒸发为 40～110mm，由于截留蒸发受降水和植被覆盖度控制，因此不同下垫面类型

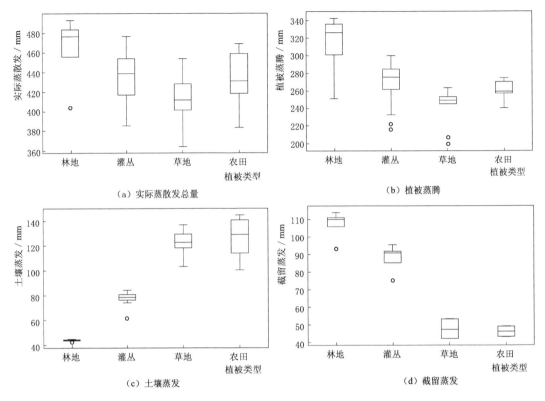

图 6.3　不同下垫面类型的实际蒸散发

的截留蒸发具有特异性，且变差较小。草地、农田的截留蒸发量约 45mm，远小于林地和灌丛，而林地的截留蒸发量约 110mm，又明显高出灌丛的 90mm。

　　综合考虑土壤和气候条件，下垫面改变对蒸散发影响结果表明：当灌丛向林地转变时，各情景下实际蒸散发增幅为 15～35mm，蒸散发增幅与土壤类型有一定关系，其中 FLC 土壤上的蒸散发增幅较大，约 34mm，而 CMC2 和 LPK 土壤上的蒸散发增幅较小，约 15mm。对于蒸散发的各个组分，截留蒸发各情景下增加幅度相近，为 18～20mm，当使用 5 号子流域的气候条件作为输入时，增幅整体略微偏大，约 19mm。植被蒸腾各情景下增幅差异较大，为 20～60mm，多数情景增加 30～40mm；与实际蒸散发类似，植被蒸腾的增幅亦受土壤类型的调节，其中 FLC 土壤上的增幅较大，约 52mm，CMC2 土壤上的增幅较小，约 23mm。土壤蒸发量减少幅度为 26～38mm，普遍减少 33～37mm，CMC2 上减幅较小，约 27mm，FLC 土壤上减幅较大，约 38mm。

　　当灌丛向草地转变时，各情景下的实际蒸散发减少幅度为 15～35mm（图 6.4），普遍在 21～28mm，变幅绝对值与灌丛向林地转变时相当；其中 LPK 土壤上的减幅明显较小，约 13mm。蒸散发各组分中，植被蒸腾减幅为 17～44mm，变幅绝对值总体略小于灌丛向林地转变的情景；其中 CMC2 和 LPK 土壤上的减幅明显较小，约

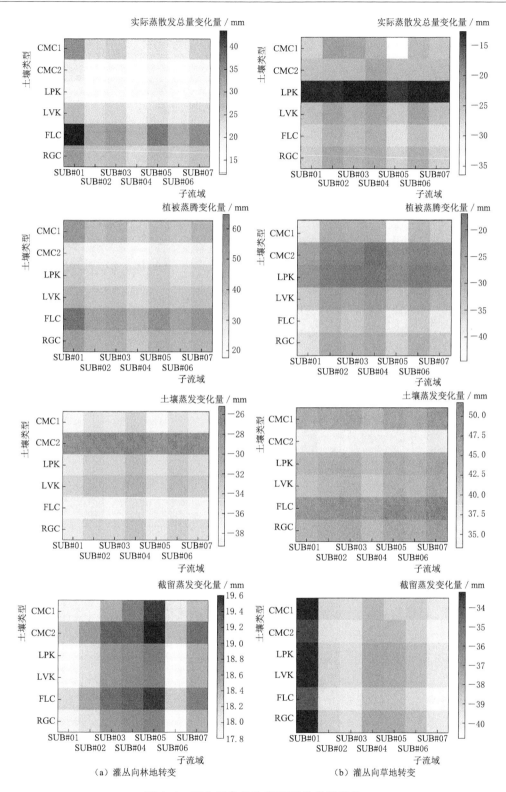

图 6.4 下垫面条件改变下蒸散发的变化

20mm。土壤蒸发增幅为 35~50mm，普遍大于 40mm，变幅绝对值总体大于灌丛向林地转变的情景；其中 CMC2 土壤上的增幅偏小，约 35mm；而 FLC 土壤上的增幅较大，约 46mm。截留蒸发的减少幅度为 34~40mm，减幅绝对值显著大于灌丛变为林地时的截留蒸发增幅值，这与草地覆盖程度显著小于灌丛和林地有关，且各情景之间的差异明显较大。总体而言，使用 1 号子流域气候条件作为输入的截留蒸发减幅明显小，约 33mm；而 7 号子流域气候条件输入下的截留蒸发减幅则较大，约 40mm。

## 6.1.3　漳河流域上游径流变化归因

### 6.1.3.1　归因识别计算框架

水分从大气中的水汽变成降水落于地表，至形成河道中的水流，其间与流域内的自然地理状况、人为设施、人类生产生活行为等方面发生了错综复杂的交互作用。作为水文循环的终点，流经河道某断面的径流始终承载环境变化的信息。当不同时期的气候条件差异较大、社会经济活动产生较大变化时，相应的河川径流量往往也会发生较大的变化，而对径流量的变化进行归因分析，有助于更深入地揭示流域自然环境的变化趋势、社会经济发展情况，为流域或区域水资源的合理使用、生态系统服务功能的发挥等方面提供关键参考。为了评价径流的变化归因，首先计算基准期与变化期的径流变化量，并考虑导致径流发生变化的潜在要素，概化公式如下：

$$\Delta Q = \sum_{i=1}^{n} \Delta Q_i \tag{6.1}$$

式中：$\Delta Q$ 为径流变化量，mm，即变化期径流平均值与基准期径流平均值之差；$\Delta Q_i$ 为由第 $i$ 个因素引起的径流变化量，mm。一般来说，气候因素、植被变化和人为活动是影响径流的主要因素。气候因素中，降水和气温是引起水文过程变化最主要的两个因子。植被变化包括植被覆盖变化和植被生理功能变化。人为影响在内的植被覆盖变化改变不同植被的分布比例，对水文循环造成影响；而 $CO_2$ 浓度变化通过改变植被生理特性，进而影响一系列水文过程，间接改变径流量。人为活动包括河道取水、水库调蓄、矿产开采用水等，这些活动直接改变了河道径流量，甚至可改变流域物理结构。需要指出的是，植被覆盖变化很大程度上也是人类活动，诸如植林、采伐、放牧等的结果，但是这种变化并非因取用水而硬性改变河道径流量，流域上的水文循环仍由自然过程驱动，只是因为下垫面属性变化改变了水文循环要素分配比例，因此，仍将其归为植被变化的范畴。综上所述，研究将径流变化归因分为 5 个方面考虑：降水、气温、$CO_2$ 浓度、土地覆盖和其他人为活动。基于这样的归因识别框架，式（6.1）可表达为

$$\Delta Q = \Delta Q_C + \Delta Q_V + \Delta Q_H \tag{6.2}$$

$$\Delta Q_C = \Delta Q_{pcp} + \Delta Q_{tmp} \tag{6.3}$$

$$\Delta Q_V = \Delta Q_{luc} + \Delta Q_{CO_2} \tag{6.4}$$

式中：$\Delta Q_C$ 为气候因素变化导致的径流变化，mm；$\Delta Q_V$ 为植被变化导致的径流变化；$\Delta Q_H$ 为人类活动影响导致的径流变化，mm；$\Delta Q_{pcp}$ 为降水变化引起的径流变化，mm；$\Delta Q_{tmp}$ 为气温变化引起的径流变化，mm；$\Delta Q_{CO_2}$ 为 $CO_2$ 浓度变化引起的径流变化；$\Delta Q_{luc}$ 为土地利用变化引起的径流变化。

相应地，各因素对径流变化的贡献程度计算如下：

$$\eta_i = \frac{\Delta Q_i}{\Delta Q} \tag{6.5}$$

$$\sum_{i=1}^{n} \eta_i = 1 \tag{6.6}$$

式中：$\eta_i$ 为第 $i$ 个因素的贡献率，定义为某因素引起径流变化量占径流总量变化的比例。贡献率取值可正可负，取正表示该因素引起径流变化的方向与径流总量变化的方向一致，即当总径流减少时，贡献率为正说明因为该因素使得径流减少了一定量的值，反之，贡献率为负则说明该因素使得径流增加相应程度的值。

### 6.1.3.2　归因识别计算结果

基于对径流变化因素的考虑，采用多情景输入，利用 PYSWAT 计算变化期多年平均径流，通过与基准期（1958—1977 年）径流水平值对比，逐步剥离出各个因素对径流的影响（表 6.1），具体计算步骤如下：

（1）情景 1：降水输入采用变化期实测降水资料；变化期气温输入采用变化期实测气象资料加上校正因子，使变化期气温平均值与基准期相同；$CO_2$ 水平采用基准期 MLO 的 $CO_2$ 浓度平均值；土地利用采用 2001 年土地利用。计算的径流 $Q_{sim1}$ 与基准期径流之差反映了降水变化的影响。

（2）情景 2：降水和气温输入采用变化期实测资料；$CO_2$ 水平和土地利用情景采用基准期资料。计算的径流 $Q_{sim2}$ 与 $Q_{sim1}$ 之差反映了气温变化的影响。

（3）情景 3：降水和气温输入采用变化期实测资料；$CO_2$ 水平采用变化期 MLG 的 $CO_2$ 浓度水平值；土地利用仍采用基准期资料。计算的径流 $Q_{sim3}$ 与 $Q_{sim2}$ 之差反映了 $CO_2$ 浓度变化的影响。

（4）情景 4：降水和气温输入采用变化期实测资料；$CO_2$ 水平和土地利用亦采用变化期资料。其中，变化期的土地利用与基准期一样，都采用了由此计算的径流 $Q_{sim4}$ 与 $Q_{sim3}$ 之差反映了土地利用变化的影响。

（5）$Q_{sim4}$ 为考虑各种变化因素的变化期还原径流，其与变化期实测径流 $Q_{obs}$ 之差即认为是直接取用水等综合人类活动所造成。

表 6.1　　　　　　　　　　　四情景归因分析方案设计

| 情景 | 降水 | 气温 | $CO_2$ | 土地覆盖 | 模拟径流 |
|---|---|---|---|---|---|
| 情景 1 | + | − | − | − | $Q_{sim1}$ |
| 情景 2 | + | + | − | − | $Q_{sim2}$ |

| 情景 | 降水 | 气温 | $CO_2$ | 土地覆盖 | 模拟径流 |
|------|------|------|--------|----------|----------|
| 情景 3 | + | + | + | − | $Q_{sim3}$ |
| 情景 4 | + | + | + | + | $Q_{sim4}$ |

注　"＋"为使用变化期输入；"－"为使用基准期输入。

采用以上四个情景，分别用 PYSWAT 模拟流域水文循环过程，计算各情景下变化期Ⅰ（1978—1997 年）和变化期Ⅱ（1998—2012 年）的多年平均径流深（表 6.2），并绘制考虑全要素的还原径流和观测径流逐年序列对比图（图 6.5）。

表 6.2　　　　　　　　　　径流深变化归因计算结果

| 情景 | 基准期 | 变化期Ⅰ（1978—1997 年） | 变化期Ⅱ（1998—2012 年） |
|------|--------|---------------------------|---------------------------|
| 情景 1 | 108.08 | 60.91 | 79.17 |
| 情景 2 | 108.08 | 60.86 | 75.55 |
| 情景 3 | 108.08 | 60.99 | 76.15 |
| 情景 4 | 108.08 | 60.99 | 73.22 |
| 实测 | 108.1 | 33.1 | 31.0 |

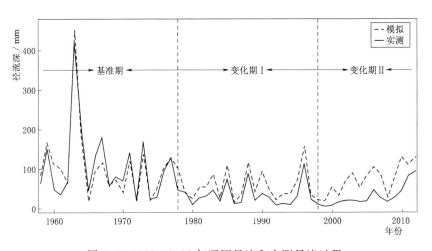

图 6.5　1958—2012 年还原径流和实测径流过程

结果表明：变化期Ⅰ降水是天然径流减少最主要的因素，降水比基准期减少了13.6%，而径流则减少 47.10mm，减少比例超过 40%；而两个时期的气温差异不大，因此气温变化仅导致了 0.05mm 的径流减少，几乎可以忽略不计；$CO_2$ 浓度较基准期增加了约 11%，径流因此增加 0.13mm，说明 $CO_2$ 对径流变化贡献同样微弱。由于变化期Ⅰ与基准期的土地利用相同，因此不考虑土地利用变化对水文过程的影响。考虑全要素变化的模拟径流为 60.99mm，比实测径流 33.1mm 多出将近一倍，说明人为活动对水资源的直接影响也是径流减少的关键因素。

变化期Ⅱ的降水比变化期Ⅰ略有增加,增幅约5.3%,但仍然比基准期偏少很多,相应地,径流亦较基准期偏少将近30%;变化期Ⅱ的温度较基准期增加,因此,径流由此减少3.6mm,尽管贡献较小,但也是有所反映;$CO_2$浓度比基准期增加50ppm,对应径流增加0.6mm,相对变化期Ⅰ的增加幅度还是略大一些;由于此段时期的土地覆盖发生了较大的变化,特别是林地覆盖率逐年稳步增长,因此土地利用变化导致了约4%的径流减少。变化期Ⅱ的还原径流为73.22mm,较该时期的实测径流多出42mm,亦即实测径流量不到还原径流量的一半,说明各种人为活动仍然是影响水量的重要因素,而且程度较前一个变化期更为显著。

# 6.2 黄河源区下垫面变化的水文响应

## 6.2.1 黄河源区下垫面变化的径流效应

收集的黄河源区三个主要水文站的逐日流量观测系列的时间年限见表6.3,而月径流系列长度均为1965—2018年。综合分析黄河源区气候要素变化特性以及下垫面改变的阶段性特征,如2000年以来观测年降水量、径流量的逆转增加趋势,1980—2000年之间黄河源区土地利用相互转化明显,2000年之后土地利用类型空间分布较为稳定,而且植被NDVI也在1999年检测到突变特征。综上演变特征,将研究时段以1980年和2000年为节点分为三个时段:1979年之前为第Ⅰ阶段、1980—1999为第Ⅱ阶段、第Ⅲ阶段定义为2000年之后,分别用GR4J_SNOW模型在各阶段进行参数率定与验证。考虑到目标函数选择对模型参数率定以及径流模拟效果的影响,GR4J_SNOW模型在率定时目标函数选择为$NSE_。$和$NSElog$的平均值,以考虑高、低流对参数的影响。

表6.3　　　　　　　黄河源区三个水文站逐日流量资料系列长度

| 站点 | 逐日径流系列资料年限 |
| --- | --- |
| 吉迈 | 1965—1978年、1980—1987年、2007—2014年 |
| 玛曲 | 1965—1978年、1980—1987年、2007—2014年 |
| 唐乃亥 | 1965—1997年、2007—2014年 |

一般而言,径流变化由下垫面改变引起的径流变化和气候变化引起的径流变化两部分组成。应用基于水文模型模拟的径流还原法来定量区分下垫面改变和气候变化对径流变化的影响,从而解析径流效应。水文模型模拟的径流还原法示意图如图6.6所示。

首先设定天然时期(即基准期),该期间的水文资料用来率定水文模型,而后应用于其他历史阶段的水文模拟计算还原得到天然径流,实测径流与模拟径流的差值即是下垫面变化对径流变化的贡献量(Wang等,2008)。径流变化响应分析方法可以具

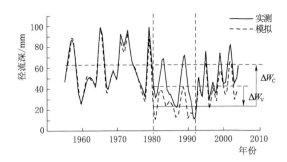

图 6.6 径流还原法划分气候变化和
人类活动对径流变化的影响示意图

体表示为

$$\Delta W_T = W_{VR} - W_B \qquad (6.7)$$

$$\Delta W_V = W_{VR} - W_{VN} \qquad (6.8)$$

$$W_C = W_{VN} - W_B \qquad (6.9)$$

式中：$\Delta W_T$、$\Delta W_V$、$\Delta W_C$ 分别为径流总变化量、下垫面改变和气候变化引起的径流变化量，mm；$W_B$ 为基准期径流量；$W_{VR}$、$W_{VN}$ 分别为变化期径流的实测值和模型还原值。

以各阶段内已有的逐日径流观测资料率定 GR4J_SNOW 模型的参数，并在日尺度和月尺度上进行验证。计算得到的 $NSE_0$ 和相对误差 $Re$ 结果见表 6.4。表 6.4 中日尺度指标值（$NSE_0$ 和 $Re$）只考虑了表 6.3 中的日径流资料的年限，月尺度模拟精度指标在各阶段整个系列上计算。图 6.7 给出了黄河源区吉迈站、玛曲站和唐乃亥站模拟与实测月径流过程对比情况。从图 6.7 中可以看出，GR4J_SNOW 能够很好地模拟各站点日径流过程和月径流过程：吉迈站日径流过程模拟 $NSE_0$ 在 0.8 左右，月尺度 $NSE_0$ 在 0.8 以上，且相对误差 $Re$ 不超过 5%；在玛曲站和唐乃亥站，月径流过程模拟的 $NSE_0$ 接近 0.9，径流模拟相对误差 $Re$ 保持在较低水平（4%）。综合来说，在各个历史阶段 GR4J_SNOW 模型能够很好地再现黄河源区日径流和月径流过程，可以进一步用于不同历史阶段径流变化特征分析。

表 6.4                              GR4J_SNOW 分阶段模拟精度表

| 站点 | 阶段 | 日 径 流 | | 月 径 流 | |
|---|---|---|---|---|---|
| | | $NSE_0$ | $Re/\%$ | $NSE_0$ | $Re/\%$ |
| 吉迈 | Ⅰ | 0.798 | 0.975 | 0.812 | 1.451 |
| | Ⅱ | 0.807 | −0.317 | 0.817 | 1.392 |
| | Ⅲ | 0.800 | 4.773 | 0.854 | 4.922 |
| 玛曲 | Ⅰ | 0.805 | −1.172 | 0.831 | 0.254 |
| | Ⅱ | 0.859 | −1.247 | 0.877 | 3.237 |
| | Ⅲ | 0.854 | 4.008 | 0.885 | 4.628 |
| 唐乃亥 | Ⅰ | 0.825 | −0.010 | 0.872 | 0.475 |
| | Ⅱ | 0.814 | −2.452 | 0.867 | −2.653 |
| | Ⅲ | 0.827 | 2.483 | 0.877 | 2.957 |

在三个历史阶段（1965—1979 年、1980—1999 年和 2000—2014 年）分别率定验证水文模型后，保持模型参数不变，使用全系列降水、气温、潜在蒸散发数据驱

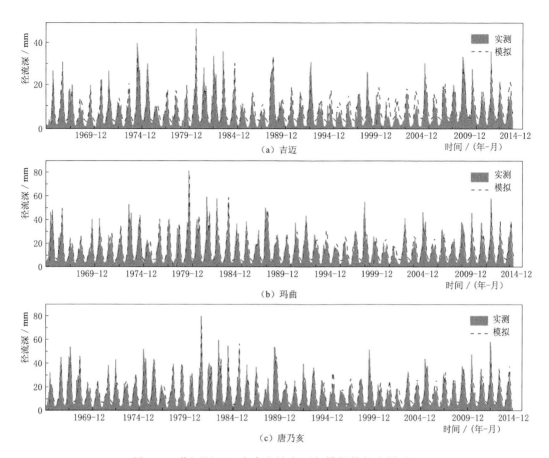

图 6.7 黄河源区三个水文站实测与模拟的径流量过程

动水文模型，可以计算得到三个时段下垫面状态下的全系列径流量过程。图 6.8 给出了基于不同阶段水文模型参数条件下模拟的 1965—2014 年径流过程与实测过程。当模型以 1979 年之前作为基准期来率定模型参数并验证模拟效果，1980 年之后模拟得到的年径流过程线偏低于实测的年径流 [见图 6.8 (a)、(d)、(g)]，特别是 2000 年之后，模拟年径流过程与实测过程相差较大。当以 1980—1999 年水文气象资料率定模型参数并验证模拟效果，2000—2014 年径流过程模拟值与实测值的差别相对较小。

设定 1965—1979 年为基准期，按照水文模型还原法径流变化归因理论，计算得到 1980—1999 年和 2000—2014 年两个阶段黄河源区多年平均径流量变化结果见表6.5。表 6.6 给出了黄河源区各阶段降水量、潜在蒸散发量和年均气温的多年平均值，用来表征气候条件的变化，并与径流效应分析结果相对照。

在各水文站 1965—1979 年多年平均年径流量的模拟值与实测值十分接近，玛曲站和唐乃亥站的多年平均径流量都在 170mm 左右，说明作为上下游站点，玛曲和唐乃亥的径流过程具有较好的相关关系。就径流变化情况而言，第Ⅱ阶段（1980—1999

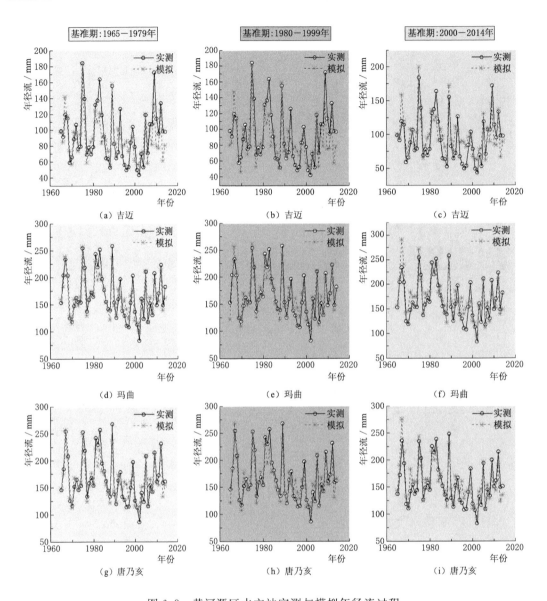

图 6.8　黄河源区水文站实测与模拟年径流过程

年）和第Ⅲ阶段（2000—2014 年）两个阶段吉迈站的多年平均实测径流变化不大，在 93mm 左右，GR4J_SNOW 模拟得到的多年平均径流深约为 95mm。就玛曲站而言，第Ⅱ阶段（1980—1999 年）实测多年平均径流从基准期的 168.04mm 增加到 172.1mm；由气候要素变化导致的多年平均径流增加量 $\Delta W_{\mathrm{C}}$ 为 15.2mm，因此，下垫面变化的水文效应是使得径流减少约 11.1mm；第Ⅲ阶段，实测多年平均径流减少到 154.5mm，而径流在气候变化影响下增加 5.94mm，流域下垫面改变导致径流减少 19.5mm，由此可以看出区域下垫面情况的变化是导致玛曲站径流下降的主要原因。唐乃亥站径流变化归因结果与玛曲站较为类似。

表 6.5　基于 1965—1979 年率定期的黄河源区多年平均径流深变化归因分析结果 单位：mm

| 站点 | 阶　　段 | $W_{VR}$ | $W_{VN}$ | $\Delta W_T$ | $\Delta W_C$ | $\Delta W_V$ |
|---|---|---|---|---|---|---|
| 吉迈 | 1965—1979 年 | 96.13 | 98.41 | | | |
| | 1980—1999 年 | 90.88 | 95.77 | −5.24 | −0.36 | −4.89 |
| | 2000—2014 年 | 93.92 | 95.89 | −2.20 | −0.24 | −1.97 |
| 玛曲 | 1965—1979 年 | 168.04 | 170.21 | | | |
| | 1980—1999 年 | 172.11 | 183.23 | 4.07 | 15.19 | −11.12 |
| | 2000—2014 年 | 154.49 | 173.98 | −13.55 | 5.94 | −19.49 |
| 唐乃亥 | 1965—1979 年 | 172.90 | 175.30 | | | |
| | 1980—1999 年 | 170.88 | 178.09 | −2.02 | 5.19 | −7.21 |
| | 2000—2014 年 | 154.48 | 173.94 | −18.42 | 1.04 | −19.47 |

表 6.6　　　　　　黄河源区各阶段降水、潜在蒸散发和气温的多年平均值

| 站点 | 阶　　段 | 多年平均降水/mm | 多年平均 $ET_0$/mm | 年均气温/℃ |
|---|---|---|---|---|
| 吉迈 | 1965—1979 年 | 389.4 | 795.9 | −4.64 |
| | 1980—1999 年 | 400.6 | 804.2 | −4.24 |
| | 2000—2014 年 | 420.7 | 821.2 | −3.35 |
| 玛曲 | 1965—1979 年 | 509.2 | 786.7 | −3.10 |
| | 1980—1999 年 | 515.2 | 780.6 | −2.70 |
| | 2000—2014 年 | 520.8 | 799.1 | −1.85 |
| 唐乃亥 | 1965—1979 年 | 489.7 | 799.2 | −2.93 |
| | 1980—1999 年 | 493.9 | 792.9 | −2.53 |
| | 2000—2014 年 | 501.3 | 809.8 | −1.68 |

以第Ⅱ阶段（1980—1999 年）为基准期，分析比较 2000 年之后径流量相比阶段Ⅱ的变化情况，计算结果见表 6.7。吉迈站第Ⅲ阶段多年平均降水量相比第Ⅱ阶段增加了 3mm，依据径流还原法计算结果，气候变化导致径流增加 4.95mm，下垫面变化导致径流减少 1.91mm。考虑到吉迈站以上流域平均海拔在 4km 以上冻土发育，GR4J_SNOW 模型未考虑土壤水的冻融过程，模型结构误差和模拟的误差，从而导致吉迈站径流演变归因具有更大的不确定性。就玛曲站和唐乃亥站而言，第Ⅲ阶段多年平均径流深约为 154.5mm，与第Ⅱ阶段相比，下降了约 17mm，其中由气候变化导致的径流减少量分别为 3.1mm 和 9.4mm，下垫面变化导致的径流减少量分别为 14.5mm 和 7.03mm。综合来看，气候的波动性对黄河源区的河川径流量具有很大影响，而流域下垫面的变化也是径流下降的部分原因。

表 6.7　基于 1980—2000 年率定期的黄河源区多年平均径流深变化归因分析结果 单位：mm

| 站点 | 阶段 | $W_{VR}$ | $W_{VN}$ | $\Delta W_T$ | $\Delta W_C$ | $\Delta W_V$ |
|---|---|---|---|---|---|---|
| 吉迈 | 1980—1999 年 | 90.88 | 92.52 | | | |
| | 2000—2014 年 | 93.92 | 95.83 | 3.04 | 4.95 | −1.91 |
| 玛曲 | 1980—1999 年 | 172.11 | 179.40 | | | |
| | 2000—2014 年 | 154.49 | 169.01 | −17.62 | −3.10 | −14.52 |
| 唐乃亥 | 1980—1999 年 | 170.88 | 168.75 | | | |
| | 2000—2014 年 | 154.48 | 161.51 | −16.40 | −9.37 | −7.03 |

## 6.2.2　黄河源区下垫面变化的实际蒸散发响应

蒸散发是地表、地下水分进入大气的过程，是区域水循环的重要环节，同时蒸散发量也是区域水平衡收支项中的重要支出部分。依据 GR4J_SNOW 模型的模拟结果，整理模型计算得到的实际蒸散发过程，其年系列演变过程如图 6.9 所示，多年平均值见表 6.8。作为比较，同时计算 GLEAM 数据集中的实际蒸散发数据，得到其年系列过程如图 6.10 所示。

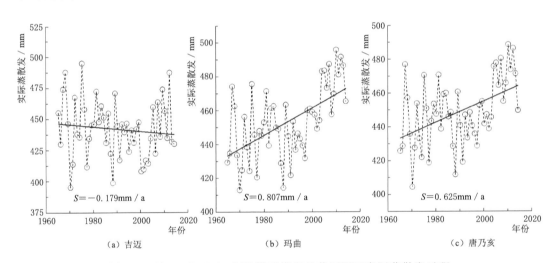

图 6.9　基于 GR4J_SNOW 模型模拟的黄河源区实际蒸散发过程

表 6.8　黄河源区 GR4J_SNOW 模拟实际蒸散发与 GLEAM 实际蒸散发阶段性特征

| 历史阶段 | GR4J_SNOW | | | GLEAM | | |
|---|---|---|---|---|---|---|
| | 吉迈 | 玛曲 | 唐乃亥 | 吉迈 | 玛曲 | 唐乃亥 |
| 1965—1979 年 | 445.93 | 441.57 | 440.35 | | | |
| 1980—1999 年 | 441.79 | 446.46 | 443.84 | 339.32 | 395.88 | 395.83 |
| 2000—2014 年 | 438.66 | 472.74 | 464.17 | 357.13 | 413.31 | 415.79 |

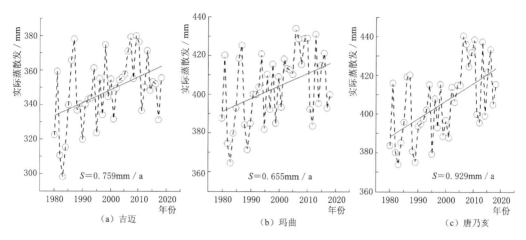

图 6.10　基于 GLEAM 数据集的 1980—2018 年黄河源区实际蒸散发

从 GR4J_SNOW 模拟的实际蒸散发结果（图 6.9）表明，吉迈站以上流域 1965 年以来实际蒸散发呈现减少趋势，变化率为 $-0.179$mm/a，不过 1990 年之后实际蒸散发量逐步上升；玛曲站以上和唐乃亥以上流域面均实际蒸散发的年增加率分别为 0.807mm/a 和 0.625mm/a，其多年平均值从 440mm 左右增加到 470mm 左右（见表6.8）。基于 GLEAM 数据的实际蒸散发流域面平均年值也呈现上升趋势（图 6.10）。就各阶段实际蒸散发多年平均值而言（表 6.8），GLEAM 实际蒸散发估计值与 GR4J_SNOW 模型计算值具有一定的误差，平均相差约 40mm，误差可能来源于遥感观测与反演蒸散发存在观测、方法等方面的不确定性以及 GR4J_SNOW 模型结构的不确定性。

## 6.3　清流河流域环境变化的水文效应

### 6.3.1　环境变化对径流的影响归因

#### 6.3.1.1　归因分析方法简介

本节介绍基于 SWAT 模型的静态归因方法，区分气候变化、人类活动以及包含在人类活动中的土地利用变化对径流变化的影响。

基于校准后的 SWAT 模型模拟三种不同情景下的径流。具体情景设置如下：

（1）情景 1（S1）：1960—1984 年的气候数据和 1981 年的土地利用结果。

（2）情景 2（S2）：1989—2012 年的气候数据和 1981 年的土地利用结果。

（3）情景 3（S3）：1960—1984 年的气候数据和 2000 年的土地利用结果。

把 S1 和 S2 比较，唯一的区别是气候数据的输入。因此，情景 2 下的模拟径流可以被认为是扰动期内还原的天然径流，其与基准期 S1 情景下的模拟径流的差异主要是由气候变化引起的。与 S1 相反，S3 中唯一的差异是土地利用数据的输入。因此，情景 3 和情景 1 之间的径流模拟的差异是由土地利用变化引起的。

量化由气候变化、土地利用变化和人类活动引起的径流变化的方法如下：

$$\Delta Q_{\text{Total}} = Q_{\text{obs,d}} - Q_{\text{obs,b}} \tag{6.10}$$

$$\Delta Q_{\text{Climate}} = Q_{\text{S2}} - Q_{\text{S1}} \tag{6.11}$$

$$\Delta Q_{\text{Human activity}} = \Delta Q_{\text{Total}} - \Delta Q_{\text{Climate}} \tag{6.12}$$

$$\Delta Q_{\text{Land use}} = Q_{\text{S3}} - Q_{\text{S1}} \tag{6.13}$$

$$C_{\text{Climate}} = \frac{\Delta Q_{\text{Climate}}}{\Delta Q_{\text{Total}}} \times 100\% \tag{6.14}$$

$$C_{\text{Human activity}} = \frac{\Delta Q_{\text{Human activity}}}{\Delta Q_{\text{Total}}} \times 100\% \tag{6.15}$$

$$C_{\text{Land use}} = \frac{\Delta Q_{\text{Land use}}}{\Delta Q_{\text{Total}}} \times 100\% \tag{6.16}$$

式中：$\Delta Q_{\text{Total}}$ 为总的径流变化；$Q_{\text{obs,b}}$ 和 $Q_{\text{obs,d}}$ 分别为基准期和扰动期的实测径流；$Q_{\text{S1}}$、$Q_{\text{S2}}$ 和 $Q_{\text{S3}}$ 为在三种情景（S1、S2、S3）下的平均模拟径流；$\Delta Q_{\text{Climate}}$、$\Delta Q_{\text{Land use}}$ 和 $\Delta Q_{\text{Human activity}}$ 分别为由气候变化、土地利用和人类活动引起的平均径流变化；$C_{\text{Climate}}$、$C_{\text{Land use}}$ 和 $C_{\text{Human activity}}$ 分别为气候变化、土地利用和人类活动引起的径流变化贡献百分比。

基于 SWAT 模型在三种情景（S1、S2 和 S3）下得到的径流模拟值，计算了清流河流域在三个时期（1985—2012 年、1985—2000 年和 2001—2012 年）的气候变化、土地利用变化和人类活动对径流变化的贡献。

### 6.3.1.2　年径流变化归因解析

表 6.9 统计给出了清流河流域年径流变化归因分析结果。由表可以看出，1985—2012 年的年径流量相对于 1960—1984 年增加了 38.05mm。气候变化、人类活动和土地利用变化影响分别占径流总变化的 95.36%、4.64% 和 12.26%，气候变化主导清流河流域年径流量的变化。土地利用变化（主要是砍伐森林和城市化）导致径流增加，这可能是由于蒸发减少和不透水面的增加造成的，与土地利用变化相比，人类活动对径流变化的贡献相对较小。由于 1981—2000 年的耕地增加（41.59km²），灌溉取水以及其他人类活动导致径流减少。

值得注意地是，径流变化及其归因在不同时期有所不同。例如，1985—2000 年（42.81mm）的径流总量增加幅度大于 2001—2012 年（31.70mm）。1985—2000 年和 2001—2012 年期间，气候变化和人类活动的影响分别占径流变化的 58.64% 和 41.36%，161.49% 和 −61.49% 两个时段人类活动对径流影响截然相反，在 1985—2000 年间，人类活动体现为增加径流量，而 2000 年之后，人类活动的影响体现为减少径流量；分析认为，在 2000 年之前，人类活动主要为林地砍伐和研究流域内城市化的快速发展，导致径流量增加；2000 年后的人类活动体现为需要更多的水资源来支持社会经济发展，进而导致径流量减少。

表 6.9 清流河流域年径流变化归因分析结果

| 时间段 | 单位 | 1960—1984 年 | 1985—2012 年 | 1985—2000 年 | 2001—2012 年 |
|---|---|---|---|---|---|
| 实测径流 | mm | 236.67 | 274.72 | 279.48 | 268.36 |
| 模拟径流（1981 年 LUCC） | mm | 236.59 | 272.87 | 261.7 | 287.78 |
| 模拟径流（2000 年 LUCC） | mm | 241.26 | 277.53 | 266.17 | 292.66 |
| 径流总变化 | mm | — | 38.05 | 42.81 | 31.7 |
| 气候变化引起的径流变化 | mm | — | 36.28 | 25.11 | 51.19 |
| | % | — | 95.36 | 58.64 | 161.49 |
| 人类活动引起的径流变化 | mm | — | 1.77 | 17.71 | −19.49 |
| | % | — | 4.64 | 41.36 | −61.49 |
| 土地利用变化引起的径流变化 | mm | | 4.67 | | |
| | % | | 12.26 | | |

### 6.3.1.3 环境变化对季节径流的影响

考虑到降水分布的特性，将全年分为湿季（5—9 月）和干季（1—4 月以及 10—12 月），以 1960—1984 年作为基准期，表 6.10 给出了 1985—2012 年清流河流域干、湿季节径流变化的归因分析结果。结果表明，在整个扰动期内湿季径流相对于基准期增加了 6.26mm。然而，气候变化使径流增加了 27.42mm，人类活动使径流减少了 21.15mm。这一发现意味着在湿季气候变化和人类活动都对径流产生重大影响，但二者的影响在某种程度上部分相互抵消。相比之下，干季径流增加了 31.78mm，约为基准期径流量的 61.12%。气候变化、土地利用变化和人类活动的贡献分别占干季径流

表 6.10 清流河流域季节径流变化归因分析结果

| 项 目 | 单位 | 1960—1984 年 | | 1985—2012 年 | |
|---|---|---|---|---|---|
| | | 干季 | 湿季 | 干季 | 湿季 |
| 实测径流 | mm | 52 | 184.67 | 83.78 | 190.94 |
| 模拟径流（1981 年 LUCC） | mm | 69.8 | 166.78 | 78.68 | 194.19 |
| 模拟径流（2000 年 LUCC） | mm | 69.9 | 171.39 | 78.7 | 198.83 |
| 径流总变化 | mm | — | — | 31.78 | 6.26 |
| 气候变化引起的径流变化 | mm | — | — | 8.87 | 27.42 |
| | % | — | — | 27.89 | 437.68 |
| 人类活动引起的径流变化 | mm | — | — | 22.92 | −21.15 |
| | % | — | — | 72.11 | −337.68 |
| 土地利用变化引起的径流变化 | mm | — | — | 0.06 | 4.61 |
| | % | — | — | 0.18 | 73.6 |

变化的 27.89％、0.18％和 72.11％。这表明人类活动是干季径流增加的主要原因，这可能是由于流域水库运行的影响。

对 1985—2000 年和 2001—2012 年两个时段干、湿季节径流变化归因分析结果表明，与 1985—2012 年类似，在两个子时期，人类活动在干季主导了径流变化，而气候变化主导了湿季的径流变化。在干季，气候变化和人类活动使径流增加。1985—2000 年气候变化对径流的影响（10.36％）比 2001—2012 年（35.80％）弱，而人类活动的影响呈现出相反的趋势。湿季气候变化使径流增加，而人类活动使径流减少，其影响在 2001—2012 年期间比 1985—2000 年期间变得更强，湿季土地利用对径流变化的影响远远高于干季。

### 6.3.1.4　环境变化对径流年内分配的影响

图 6.11 统计给出了清流河流域月径流变化归因分析结果。可以看出环境驱动因素（即气候变化和人类活动）在不同时期对径流年内分配的影响存在显著差异。1985—2012 年期间，尽管 3 月总的径流变化量最大（14.30mm），但气候变化和人类活动对 8 月径流的绝对影响量最为突出，气候变化使径流增加了 19.64mm，人类活动使径流减少了 14.37mm。在 1 月、5 月、7 月和 8 月之外的所有月份，人类活动主导了径流变化，可以发现这些月份主要发生在湿季。

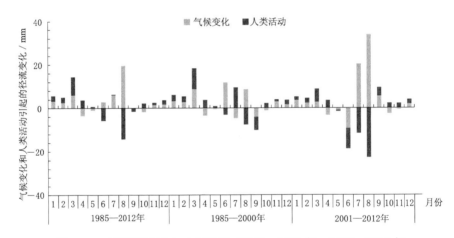

图 6.11　清流河流域在三个时期（1985—2012 年、1985—2000 年
和 2001—2012 年）月径流的影响

在 1985—2000 年期间，3 月径流变化最大，约为 18.50mm。气候变化导致在 6 月径流增量最多（12.29mm），而人类活动在 3 月使径流增幅最大。在 2001—2012 年期间，气候变化和人类活动的影响 8 月径流量影响最大，但相比而言，人类活动对 2001—2012 年径流减少的影响更为强烈。

结合表 6.11，可以看出径流变化与降水变化的幅度高度相关。譬如，1985—2000 年的 7 月和 9 月，降水较基准期相应月份减少 31mm 左右，气候变化导致这两个月径流减少幅度比较大。

表 6.11    清流河流域不同时期的降水相对于基准期（1960—1984 年）的变化    单位：mm

| 月份 | 1985—2000 年 | 2001—2012 年 | 1989—2012 年 |
|---|---|---|---|
| 1 | 11.4 | 13.51 | 12.3 |
| 2 | 8.64 | 11.12 | 9.7 |
| 3 | 29.14 | 4.91 | 18.75 |
| 4 | −25.13 | −8.96 | −18.20 |
| 5 | 11.47 | −14.29 | 0.43 |
| 6 | 26.9 | −27.98 | 3.38 |
| 7 | −31.80 | 31.14 | −4.83 |
| 8 | 24.12 | 57.76 | 38.54 |
| 9 | −31.23 | −16.29 | −24.83 |
| 10 | 7.82 | −13.39 | −1.27 |
| 11 | 1.79 | 1.1 | 1.49 |
| 12 | 2.21 | 18.26 | 9.09 |

总之，在年度尺度上（1985—2012 年），气候变化、人类活动和土地利用变化对径流变化的贡献率分别为 95.36%、4.64% 和 12.23%（此处的人类活动包括土地利用变化及其他人类活动），这与弹性系数法的计算结果（气候变化贡献百分比 97.27%，人类活动贡献百分比 2.76%）基本一致。2001—2012 年期间气候变化和人类活动对径流变化的影响相比于 1985—2000 年期间出现增强现象。

在季尺度上，气候变化是湿季径流增加的主要原因，而人类活动是干季径流增加的主要因素。1985—2012 年干季气候变化和人类活动的影响分别占径流变化的 27.89% 和 72.11%；湿季土地利用变化对径流变化的影响大于干季；与 1985—2000 年相比，气候变化对径流变化的贡献率在干季减少，在湿季增加，而 2001—2012 年期间人类活动对径流变化的贡献率均在增加。

在月尺度上，除 1 月、5 月、7 月和 8 月外，人类活动在其他所有月份都是径流变化的主要影响因素。径流变化的主导因素在不同时间尺度上不同，并且在不同时期发生变化。比较三个不同尺度的归因分析结果，会发现更精细（季节性和月度）尺度的归因结果可以揭示更详细的径流变化归因分析信息，将为决策者提供在适应性水资源管理、可持续利用和规划水资源等方面更详细的决策信息。

## 6.3.2    变化环境下径流组成的响应

### 6.3.2.1    基于气候与植被耦合驱动的流域水文模型

RCCC－WBM 模型是水利部应对气候变化研究中心团队研发的一个基于水量平衡的流域水文模型，模型输入的气候要素资料包括气温、降水、水面蒸发。模型物理概念明确，考虑地表径流、地下径流和融雪径流三种组成，同时参数较少，易于率定。模型计算原理如下：

（1）地面径流的计算：根据产流机制，认为地面径流与降水和土壤含水量存在正比线性关系。其计算公式为

$$Q_{si} = K_s \frac{S_{i-1}}{S_{max}} P_i \tag{6.17}$$

式中：$Q_{si}$ 为地面径流量；$S_{i-1}$ 为前期土壤蓄水量；$S_{max}$ 为最大土壤蓄水容量；$P_i$ 为时段降水量；$K_s$ 为地面径流系数。

（2）融雪径流的计算：根据气温资料进行雪、雨的划分和估算降雪的累积是进行融雪径流计算的前提；研究表明，冰雪融水率与气温具有较好的指数型关系，于是构造出计算融雪径流的基本方程为

$$Q_{sni} = K_{sn} e^{\frac{T_i - T_H}{T_H - T_L}} Sn_i \tag{6.18}$$

$$Sn_i = Sn_{i-1} + P_{sni} \tag{6.19}$$

式中：$K_{sn}$ 为融雪径流系数；$Sn_i$ 为时段内积雪量；$Sn_{i-1}$ 为前期积雪量；$P_{sni}$ 为时段降雪量；$T_i$ 为气温；$T_H$ 和 $T_L$ 分别为雪雨划分的两个临界气温，一般取 $+4℃$ 和 $-4℃$。当气温高于 $+4℃$ 时，降水全为降雨形式；当气温低于 $-4℃$ 时，降水全为降雪，气温在两者之间时，降雪量按线性插补。

（3）地下径流的计算：假定地下径流为地下线性水库出流，计算公式为

$$Q_{gi} = K_g S_{i-1} \tag{6.20}$$

式中：$Q_{gi}$ 为地下径流量；$K_g$ 为地下径流系数。

（4）实际蒸散发的计算：对长时段流域蒸散发的计算应用一层土壤蒸散发计算模式，计算公式为

$$E_i = k_e E_p \frac{S_{i-1}}{S_{max}} \tag{6.21}$$

式中：$E_i$ 为流域实际蒸散发量；$E_p$ 为流域蒸发能力，以 $E_{601}$ 蒸发皿观测值代替或根据气象资料进行计算；$k_e$ 为蒸发系数。

（5）降水下渗和土壤蓄水量计算：对均匀的地面系统来说，其输入变量为降水，输出变量为地面径流和下渗；对于土壤系统来说，系统的输入为降雨下渗，输出为地下径流和流域的蒸散发，依据水量平衡原理计算降水下渗量和土壤蓄水量，计算公式分别为

$$\left. \begin{array}{l} f_i = P_i - Q_{si} \\ S_i = S_{i-1} + f_i - Q_{gi} - E_i \end{array} \right\} \tag{6.22}$$

式中：$f_i$ 为时段内降水下渗量；$S_i$ 为本时段土壤蓄水量。

（6）径流合成：地面径流、地下径流和融雪径流的线性叠加即为时段内的计算径流量，其计算公式为

$$Q_{Ci} = Q_{si} + Q_{gi} + Q_{sni} \tag{6.23}$$

式中：$Q_{Ci}$ 为时段内计算径流量。

在模型的实际运行中首先计算三种水源，然后根据水量平衡原理依次计算时段下渗量、流域的实际蒸散发和土壤蓄水量。

模型共有 5 个参数需要率定，分别为：①土壤蓄水容量 $S_{max}$，该参数与土壤类型和土壤层厚度有关，表征了土壤层的最大蓄水能力，其取值范围一般为 $100 \sim 500mm$；②地面径流系数 $K_s$；是一个无量纲参数，参数取值范围为 $0 \sim 1$，取值大小与下垫面状况和植被覆盖度有关，植被较好的地区，取值相对较小；③地下径流系数 $K_g$，是一个无量纲参数，取值一般为 $0 \sim 1$，取值大小与土壤类型和植被覆盖度有关，沙质土壤和植被覆盖度较好地区，该参数取值较大；④融雪径流系数 $K_{sn}$ 参数反映了产流的地区特性，取值范围为 $0 \sim 1$，一般高纬度地区和寒冷地区的取值较大；⑤蒸发系数 $K_e$，是一个无量纲参数，取值为 $0 \sim 1$，与流域土壤、植被有很大关系。

（7）水文模拟中的植被驱动方案：$EVI$ 是流域植被动态变化的反映，植被变化直接影响流域蒸散发，进而影响径流。一般来说汛期植被茂盛，$EVI$ 较大，非汛期 $EVI$ 较小。因此考虑植被的驱动将在水文模拟中增大汛期蒸发进而减小径流量。因此在水文模拟中指标的驱动考虑方案则通过改变流域实际蒸发进行。

$$E_i = k_e(1 + EVI_i)E_p \frac{S_{i-1}}{S_{max}} \tag{6.24}$$

式中：$EVI_i$ 为第 $i$ 个时段的加强植被指数，可以根据遥感影像提取，也可以根据 $EVI$ 与气候要素的驱动关系进行计算。

为反映植被对径流量的影响，输入变量除了气温、降水、水面蒸发等气候要素资料外，也输入了解译的 1989—2010 年 $EVI$ 资料系列，对于 1960—1988 年的 $EVI$ 系列则采用构建的 $EVI$ 气候驱动关系进行计算。

表 6.12 给出了采用气候与植被驱动的 RCCC - WBM 模型进行的清流河流域径流量与地表径流量模拟效果统计结果。图 6.12、图 6.13 给出了考虑植被驱动作用后实测与模拟径流量的年内分配、逐月过程。

表 6.12　　　　　　不同水文模型对清流河流域月径流量的模拟效果

| 项　　　目 | | 率定期（1960—1979 年） | | 检验期（1980—1987 年） | | 外延期（2000—2010 年） | |
|---|---|---|---|---|---|---|---|
| | | NSE | Re/% | NSE | Re/% | NSE | Re/% |
| 未考虑植被驱动 | Q | 0.892 | 0.3 | 0.857 | 1.4 | 0.713 | 21.6 |
| 考虑植被驱动 | Q | 0.927 | 0.4 | 0.889 | 0.7 | 0.845 | 13.2 |
| | $Q_s$ | 0.945 | −2.6 | 0.916 | 1.2 | 0.875 | 9.8 |

由表 6.12 可以看出：①考虑植被驱动情况下，对径流量的模拟效果明显好于不考虑植被驱动的模拟效果，无论率定期还是检验期 NSE 都在 0.9 左右，相对误差也较小；②对于外延期，考虑植被作用后，NSE 得到了大幅度提高，相对误差也减小了三分之一左右，说明考虑植被作用后，由于植被散发作用，使得模拟的径流量变

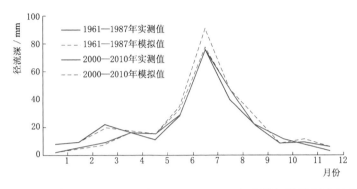

图 6.12　考虑植被驱动后 1961—1987 年和 2010—2012 年实测与模拟径流量的年内月分配

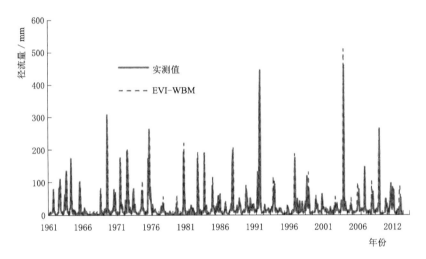

图 6.13　考虑植被驱动作用后清流河流域实测与模拟径流量过程

小；③外延期模拟的误差尽管得到了明显减少，但依然较大，分析认为，这可能是由于其他人类活动影响造成的。

由图 6.12、图 6.13 可以看出：考虑植被驱动情况下，1960—1987 年实测与模拟径流量过程更为吻合，对于外延期，模拟的峰值流量也大幅度降低，更为接近实测径流量。

**6.3.2.2　变化环境下清河流域水文要素过程响应模拟**

流域实际蒸散发、土壤含水量是模型的两个中间状态变量，此外，模型可以模拟地表径流量、地下径流量和融雪径流量，基于 1960—2012 年的实测气候要素资料和 EVI 解译资料，动态模拟了清流河流域水文全要素过程，清晰起见，图 6.14、图 6.15 给出了采用 RCCC - WBM 模型模拟 1960—1985 年的流域蒸散发、土壤含水量和三种径流组成过程。

由图 6.14、图 6.15 可以看出：①融雪过程主要发生在冬春季节，地下径流量较小但贯穿全年，地表径流量汛期较大，非汛期较小；②土壤含水量与实际蒸散发过程

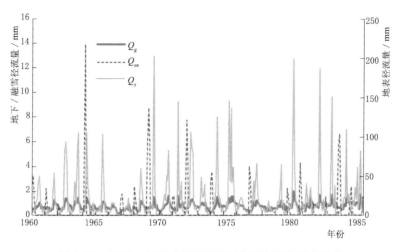

图 6.14    1960—1985 年清流河流域三种径流组成过程

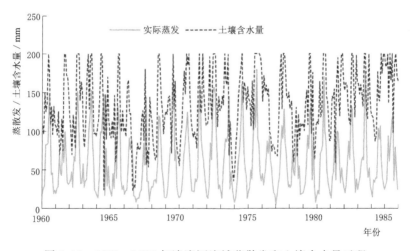

图 6.15    1960—1985 年清流河流域蒸散发和土壤含水量过程

丰枯变化态势一致，相比而言，土壤含水量存在最大土壤含水容量限制，也只在汛期
的个别月份存在极值情况。

## 6.4    本章小结

本章介绍了三个典型流域水文要素对环境变化（气候变化及下垫面变化）的响
应。在漳河流域，当灌丛向林地转变时，HRU 产流量减小幅度为 10~40mm，实际
蒸散发增幅为 15~35mm，增幅与土壤类型有一定关系。而当灌丛向草地转变时，产
流量的增加范围为 15~35mm，实际蒸散发减少幅度为 15~35mm。径流变化归因分
析结果表明，在 1980—1999 年期间，降水是天然径流减少最主要的因素；在 2000—
2014 年期间，各种人为活动仍然是影响水量的重要因素。在黄河源区，气候的波动性

对区域河川径流量具有很大影响，而流域下垫面的变化也是径流下降的部分原因。对于清流河流域，在年度尺度上（1985—2012 年），气候变化、人类活动和土地利用变化对径流变化的贡献率分别为 95.36％、4.64％和 12.23％；在季尺度上，气候变化是湿季径流增加的主要原因，而人类活动是干季径流增加的主要因素；在月尺度上，除 1 月、5 月、7 月和 8 月外，人类活动在其他所有月份都是径流变化的主要因素。

# 第7章  未来气候变化下径流演变趋势

## 7.1  气候模式及分析方法

### 7.1.1  气候模式

收集了 CMIP6（the Coupled Model Intercomparison Project Phase 6）的历史和未来不同排放情景下的气候模式模拟数据（包括降水、日最高和最低气温等）用于评估不同气候情境下区域/流域水文气象要素的演变趋势（https：//esgfnode.llnl.gov/projects/cmip6/）。研究采用 9 种气候模型生成的未来情景数据（表 7.1）。CMIP6 气候模式既考虑到了共享社会经济路径（SSP，Shared Socioeconomic Pathways），也考虑到了典型浓度路径（RCP，the Representative Concentration Pathways），SSP126 是 CMIP5 中 RCP2.6 情景在 CMIP6 中更新后的情景，代表的是低社会脆弱性、低减缓压力和低辐射强迫的综合影响；SSP245 是 CMIP5 中 RCP4.5 情景在 CMIP6 中更新后的情景，代表的是中等社会脆弱性与中等辐射强迫的组合（O'Neill et al.，2014；O'Neill et al.，2017）；SSP585 是 CMIP5 中 RCP8.5 情景在 CMIP6 中更新后的情景，是唯一可以实现 2100 年人为辐射强迫达到 $8.5\text{W}/\text{m}^2$ 的共享社会经济路径（Gillett et al.，2016）。

表 7.1　　　　　　　　　　　9 种气候模式主要信息

| 模　式 | 数　据　来　源 | 空间分辨率<br>（纬度×经度） |
| --- | --- | --- |
| BCC – CSM2 – MR | Beijing Climate Center，China | $1.125°×1.125°$ |
| CanESM5 | Canadian Centre for Climate Modelling and Analysis，Canada | $2.8125°×2.8125°$ |
| CESM2 | National Center for Atmospheric Research，USA | $0.9375°×1.25°$ |
| CNRM – CM6 – 1 | National Centre for Meteorological Research，France | $1.40625°×1.40625°$ |
| CNRM – ESM2 – 1 | National Centre for Meteorological Research，France | $1.40625°×1.40625°$ |
| ISPL – CM6A – LR | Institute Pierre – Simon Laplace，France | $1.26°×2.5°$ |
| MIROC6 | Atmosphere and Ocean Research Institute，Japan | $1.40625°×1.40625°$ |
| MRI – ESM2 – 0 | Meteorological Research Institute，Japan | $1.125°×1.125°$ |
| UKESM1 | Met Office Hadley Centre，UK | $1.25°×1.875°$ |

## 7.1.2　气候-下垫面-径流响应分析框架

由于气候和植被都是径流变化的驱动因子，而植被也对气候的波动产生响应，因此气候变化情景下，流域水文循环受到气候和植被变化的双重影响，即变化的气候要素一方面直接影响水文过程，另一方面通过改变下垫面特性（包括植被组成、植被生理特性）间接影响水文过程。因此构建未来情景下的水文模型来预估水文要素的响应（图 7.1），需要未来期的气候数据、植被数据、土地覆盖数据等作为模型驱动。采用气候模式情景数据通过降尺度生成逐日降水、气温、太阳辐射、风速、相对湿度等数据作为未来气候数据。$CO_2$ 浓度采用逐年均值，将其对应到年内任意一天。基于未来气候数据和植被气候响应关系生成未来植被数据。土地覆盖数据可通过相关驱动关系生成未来土地覆盖情景，一般来说，中短期的土地覆盖受到土地规划政策、人为生成活动影响较明显，长期变化一定程度上存在着植被对气候的适应性演替，因此未来土地覆盖情景生成往往需要可靠的区域规划资料，若无详细资料且未来期的研究时段跨度相对有限，亦可认为土地覆盖保持不变。模型参数假定在气候情景下仍保持稳态，可采用历史期率定好的参数。

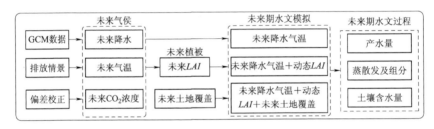

图 7.1　气候-下垫面-径流响应分析框架

考虑到未来气候情景也伴随植被的变化，既包含植被自身生理性状的变化，亦有自然演替或人为改造所致土地覆盖变化而带来的植被类型改变，植被变化与气候变化共同作用对水循环产生影响。因此，给未来情景的水文模拟设定了两种试验方案：试验 1（exp 1）仅评价气候变化所造成的水文响应，而 $LAI$ 数据采用历史期 $LAI$ 平均值；试验 2（exp 2）在气候变化影响的基础上增加了动态 $LAI$ 的考虑，采用未来各情景的 $LAI$ 预估数据。依次计算上述两种试验来对未来期的水文过程变化进行评价，以更综合地认识各种要素对水文过程的影响。

# 7.2　漳河上游未来气候变化及径流演变趋势

## 7.2.1　漳河上游未来气候变化

考虑到经济社会发展各阶段对温室气体排放的影响及其气候效应，将未来期划为

3 个时段：2015—2045 年、2045—2075 年、2075—2100 年，以 1961—2000 年作为历史基准期，分析未来各时段内的气象要素在不同情景下的趋势预估结果。

### 7.2.1.1 最高气温

未来期的最高气温在各个 GCM 各排放情景下均呈现上升趋势（图 7.2），MK 统计结果亦表明增幅显著（表 7.2）。其中 SSP126 下，最高气温的上升在 21 世纪中叶减速，之后趋于平稳波动，且 2075—2100 年的平均最高气温亦较 2045—2074 年略低。而 SSP245，各 GCM 预估在未来期全时段都表现出明显的上升趋势，平均增幅每 10 年约 0.23℃。高排放情景下，最高气温在未来期的增幅愈加显著，SSP370 和 SSP585 的平均增幅分别达到每 10 年 0.43℃ 和 0.55℃，各时段的最高气温平均值攀升明显，至 2075—2100 年，最高气温已分别高出历史期水平 3.59℃ 和 4.63℃。

图 7.3 给出了不同排放情景下各 GCM 在未来三个阶段年内各月最高气温较历史

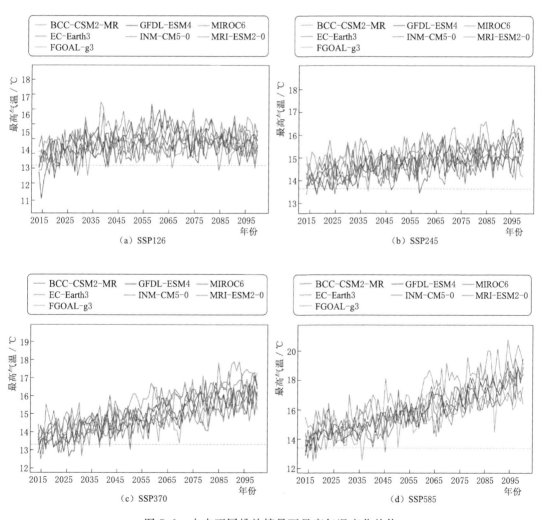

图 7.2 未来不同排放情景下最高气温变化趋势

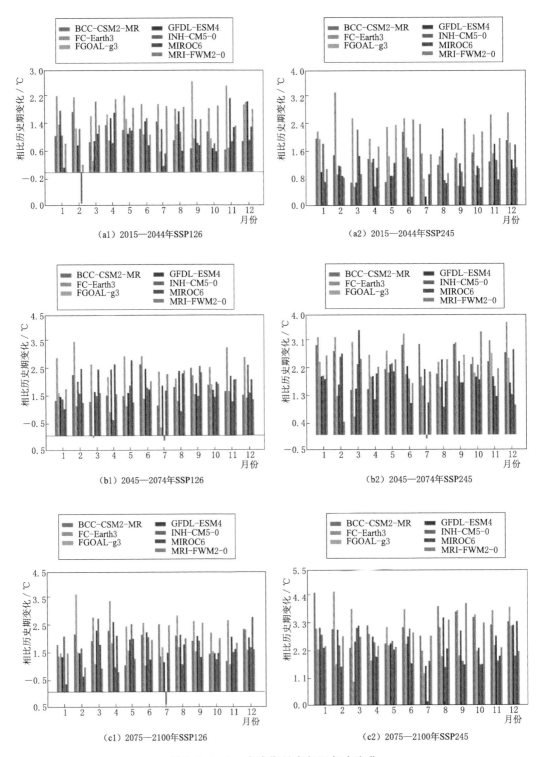

图 7.3（一） 未来期最高气温年内变化

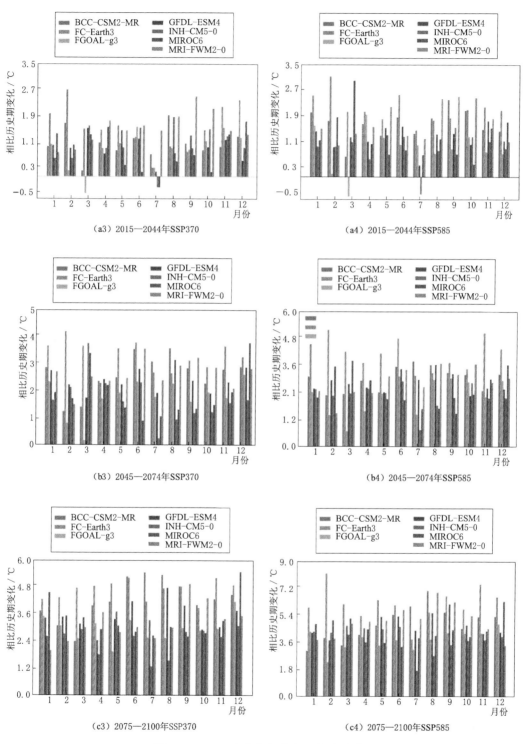

图 7.3（二）　未来期最高气温年内变化

基准期的变化。年内最高气温在未来期各时段普遍较历史期高，仅少数 GCM 的预估结果较历史期偏低，但偏低程度最多亦不超过 1℃，且主要出现于 2015—2044 年。各 GCM 对某个月份预估具有一定不确定性，其中 EC‐Earth3 和 MRI‐ESM2‐0 的预估结果较其他 GCM 相对偏高，而 INM‐CM5‐0 的预估结果则相对偏低，不同气候模式在高排放情景下和未来远期下预估的气候情景差异相对较小，譬如，SSP585 情景下，大多数 GCM 对 2075—2100 年最高气温的预估结果均高于历史期水平 3.5℃ 以上，部分甚至超过 6℃。

表 7.2　　　　　　　　　　未来不同排放情景下最高气温变化趋势

| 气候情景 | 变化速率/(℃/10a) | MK 统计值 | 各时段较历史期的变化/℃ | | |
| --- | --- | --- | --- | --- | --- |
| | | | 2015—2044 年 | 2045—2074 年 | 2075—2100 年 |
| SSP126 | 0.11 | 5.173 | 1.30 | 1.93 | 1.85 |
| SSP245 | 0.23 | 10.194 | 1.41 | 2.13 | 2.71 |
| SSP370 | 0.43 | 11.712 | 1.08 | 2.35 | 3.59 |
| SSP585 | 0.55 | 11.853 | 1.39 | 2.95 | 4.63 |

表 7.3 统计给出了不同排放情景下未来三个阶段季节平均最高气温较基准期的变化，发现绝大多数季节预估的最高气温均高于历史期水平 1℃ 以上，其中 2075—2100 年的偏高值几乎都在 2℃ 以上，尤其是 SSP585 情景，各季节较历史期水平偏高 4.5℃。最高气温的升高可带来生态水文循环诸多方面的改变，其中春季最高气温增加使得积雪融化加速，使得融雪径流量提前到达峰值，且一定时间内的水量更加集中，对植物的萌发和生长有利；此外，季节最高气温升高也使得极端高温发生的概率增加，流域水循环速率加快，蒸散发量加大，亦可能导致干旱事件频繁发生，为流域水资源管理带来压力。

表 7.3　　不同排放情景下未来三个阶段最高气温季节均值相较历史期的变化　　　　单位:℃

| 气候情景 | 时段 | 春 | 夏 | 秋 | 冬 |
| --- | --- | --- | --- | --- | --- |
| SSP126 | 2015—2044 年 | 1.4 | 1.3 | 1.3 | 1.3 |
| | 2045—2074 年 | 1.8 | 1.9 | 2.1 | 1.9 |
| | 2075—2100 年 | 2.0 | 1.8 | 1.8 | 1.8 |
| SSP245 | 2015—2044 年 | 1.3 | 1.3 | 1.4 | 1.5 |
| | 2045—2074 年 | 2.1 | 1.9 | 2.3 | 2.2 |
| | 2075—2100 年 | 2.6 | 2.5 | 2.7 | 2.9 |
| SSP370 | 2015—2044 年 | 1.1 | 0.9 | 1.2 | 1.2 |
| | 2045—2074 年 | 2.3 | 2.4 | 2.2 | 2.5 |
| | 2075—2100 年 | 3.4 | 3.6 | 3.7 | 3.7 |

续表

| 气候情景 | 时段 | 春 | 夏 | 秋 | 冬 |
|---|---|---|---|---|---|
| SSP585 | 2015—2044 年 | 1.4 | 1.2 | 1.5 | 1.4 |
| | 2045—2074 年 | 2.8 | 3.0 | 3.0 | 3.0 |
| | 2075—2100 年 | 4.5 | 4.6 | 4.9 | 4.5 |

#### 7.2.1.2 最低气温

与最高气温类似，不同排放情景下最低气温总体呈现上升趋势（图 7.4），仅 SSP126 情景下的最低气温变化相对平稳，高排放情景下，气温的上升幅度更大，同时发现，未来各时段的最低气温升幅大于最高气温的升幅（表 7.4），2075—2100 年，最低气温较历史基准期偏高可达 4℃以上，高排放情景下个别年份偏高幅度甚至可达 7℃以上。

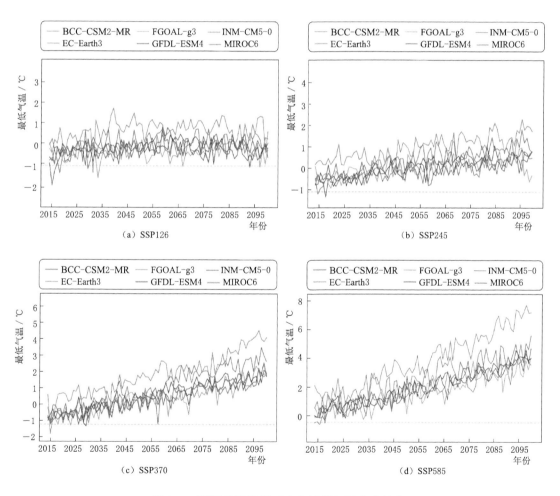

图 7.4 不同排放情景下未来最低气温变化趋势

表 7.4　　　　　　　　　不同排放情景下最低气温变化趋势统计

| 气候情景 | 变化速率 /(℃/10a) | MK 统计值 | 各时段较历史期的变化/℃ | | |
|---|---|---|---|---|---|
| | | | 2015—2044 年 | 2045—2074 年 | 2075—2100 年 |
| SSP126 | 0.06 | 4.315 | 1.32 | 1.78 | 1.65 |
| SSP245 | 0.23 | 11.287 | 1.51 | 2.32 | 2.84 |
| SSP370 | 0.43 | 12.137 | 1.35 | 2.61 | 3.83 |
| SSP585 | 0.55 | 12.331 | 1.62 | 3.17 | 4.81 |

　　根据各 GCM 的预估结果（图 7.5），未来期年内各月最低气温总体较历史基准期水平偏高，仅有 MIROC6 在 SSP126 情景下 2015—2044 年间的 2 月以及 FGOAL - g3 在 SSP370 情景下 2015—2044 年 3 月的最低气温预估值略有偏小。各不同 GCM 对最低气温预估的偏高程度存在差异，总体看，EC - Earth3 的预估结果高于其他 GCM 的预估结果，个别月份的最低气温预估结果甚至高于历史期 8℃以上；相比而言，BCC -

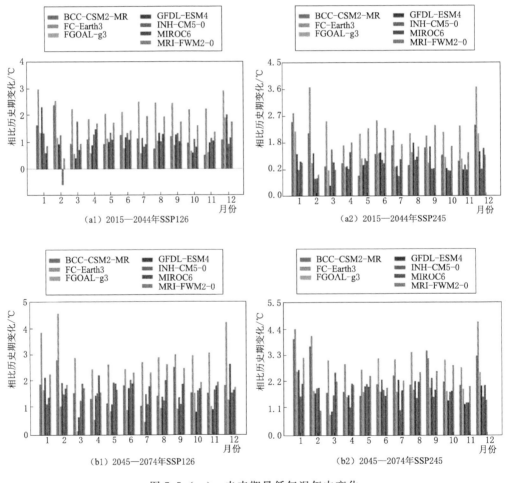

图 7.5（一）　未来期最低气温年内变化

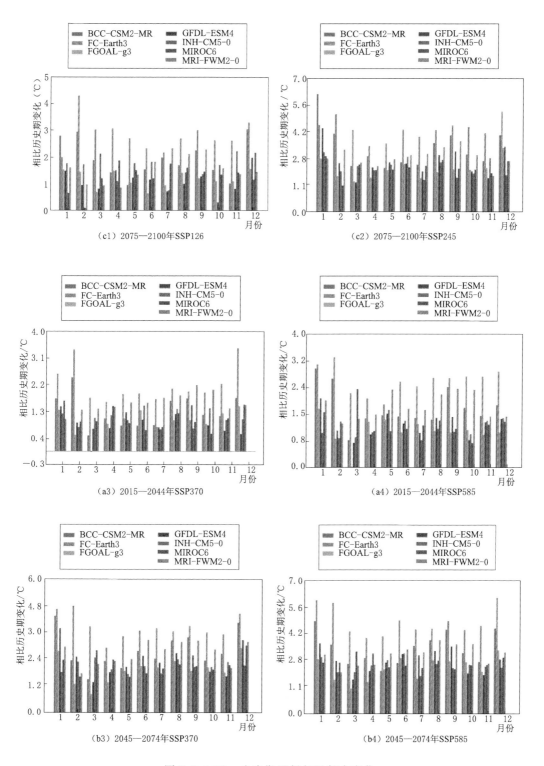

图 7.5（二） 未来期最低气温年内变化

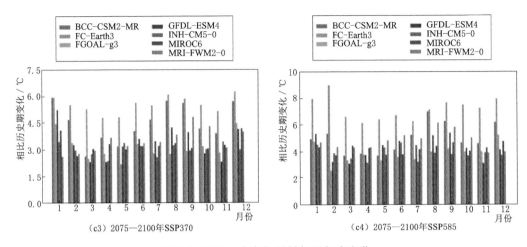

图 7.5（三）　未来期最低气温年内变化

CSM2－MR 和 MRI－FWM2－0 在多数月份对最低气温的预估结果较基准期均值偏高幅度较大，而 GFDL－ESM4 和 FGOAL－g3 预估的偏高程度相对较小。尽管对某个月份而言，不同 GCM 的预估有一定差异，但对不同月份而言，同一个 GCM 预估的偏高程度差异相对较小；同时发现，所有气候模式对冬季最低气温预估增幅明显较高，尤其在后两个时段，大多 GCM 的预估结果皆较历史期均值偏高 5℃以上。尤其是 SSP585 情景下，2075—2100 年各 GCM 预估值普遍较历史期偏高 4℃以上，表明温室气体排放加剧的情景下，气候变暖的趋势愈加明显。

　　综合各 GCM 预估结果，同最高气温一样，不同排放情景下最低气温在未来三个时段相较基准期均呈现不同程度的增加（表 7.5），最低增幅均在 1℃以上，其中冬季增幅更大。高排放情景下最低气温的增幅也更高，2075—2100 年的最低气温相对历史期均值升高 2.5℃以上，特别是 SSP585 情景下升温更为显著，偏高 4℃以上，其中夏秋冬三季的增幅均接近或超过 5℃。相比最高气温，最低气温升高的幅度明显更大。最低气温的升高减少了无霜期，延长了植物生长日期，亦与最高气温升高一道增加了平均气温，使得水文循环速率加快。

表 7.5　　　　　　　未来不同阶段最低气温季节均值相较历史期的变化　　　　　　单位：℃

| 气候情景 | 时　段 | 春 | 夏 | 秋 | 冬 |
|---|---|---|---|---|---|
| SSP126 | 2015—2044 年 | 1.2 | 1.3 | 1.2 | 1.5 |
|  | 2045—2074 年 | 1.5 | 1.7 | 1.8 | 2.1 |
|  | 2075—2100 年 | 1.6 | 1.6 | 1.6 | 1.9 |
| SSP245 | 2015—2044 年 | 1.3 | 1.5 | 1.4 | 1.8 |
|  | 2045—2074 年 | 2.1 | 2.3 | 2.2 | 2.7 |
|  | 2075—2100 年 | 2.5 | 2.8 | 2.8 | 3.3 |

| 气候情景 | 时段 | 春 | 夏 | 秋 | 冬 |
|---|---|---|---|---|---|
| SSP370 | 2015—2044 年 | 1.1 | 1.3 | 1.4 | 1.6 |
| | 2045—2074 年 | 2.2 | 2.7 | 2.5 | 3.0 |
| | 2075—2100 年 | 3.3 | 3.9 | 3.8 | 4.3 |
| SSP585 | 2015—2044 年 | 1.4 | 1.6 | 1.6 | 1.8 |
| | 2045—2074 年 | 2.8 | 3.3 | 3.1 | 3.5 |
| | 2075—2100 年 | 4.3 | 5.0 | 4.9 | 5.1 |

### 7.2.1.3 降水

图 7.6 给出了不同排放情景下 2015—2100 年气候模式预估的年降水量过程，由图可以看出，各 GCM 的降水预估存在一定差异，且在年际上存在较大的波动，总体来看，未来年降水量呈现明显的增多趋势；同时，发现在不同情景下有极端高值和低值出现，如 SSP585 情景下 FGOAL‐g3 于 2037 年出现了超过 1800mm 的极大值，远超历史上 1963 年发生的最大年降水量 992mm。尽管多模式集合平均状态下，流域年

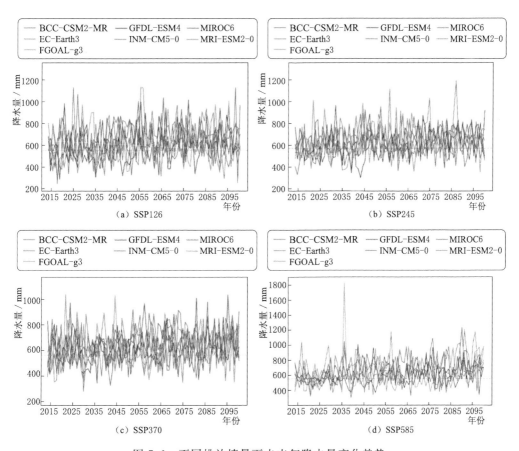

图 7.6 不同排放情景下未来年降水量变化趋势

降水量在 600mm 左右，但就单个气候模式预计结果来看，所有情景均有多个 GCM 的预估结果超过 1000mm，相对于流域本身的地理条件来说已属于极端降水，对流域的防洪安全、水土保持均可造成相当程度的压力；另外，低于 300mm 的年降水亦频繁出现，譬如，SSP370 情景下的 BCC - CSM2 - MR 预估 2031 年降水量 215mm，为未来降水预估结果的最低值，降水量过低会带来较严重的干旱，对流域的生活用水、农业生产亦将带来严峻考验。统计结果表明，未来漳河上游降水总体呈现显著性增多趋势（表 7.6），从各时段的多年平均结果来看，除了 SSP126 后两个时段降水量大体接近外，其他各情景下的降水皆呈逐时段增加态势。SSP370 和 SSP585 下的 2075-2100 年期间，最后一时段（2075—2100 年）的平均年降水量比历史基准期高出 100mm。降水存在较大年际变异，尤其是在增温十分明显的情景下，降水增幅亦十分显著。综上所述，尽管降水在未来总体趋于增加，但其较大的年际变幅可以充分说明未来极端降水事件出现的概率加大，流域将可能面临极端降水带来洪涝和干旱问题。

表 7.6　　　　　　　　不同排放情景下漳河上游未来降水量变化趋势

| 气候情景 | 变化速率 /(mm/10a) | MK 统计值 | 各时段较历史期的变化/mm | | |
| --- | --- | --- | --- | --- | --- |
| | | | 2015—2044 年 | 2045—2074 年 | 2075—2100 年 |
| SSP126 | 7.3 | 2.656 | 37.8 | 84.9 | 81.0 |
| SSP245 | 11.6 | 4.371 | 20.0 | 75.3 | 98.0 |
| SSP370 | 10.5 | 3.618 | 40.0 | 82.9 | 100.9 |
| SSP585 | 18.5 | 5.759 | 44.5 | 88.1 | 145.2 |

图 7.7 给出了不同排放情景下未来不同阶段年内各月降水量较基准期的变化，由图可以看出，未来期年内各月份降水较历史基准期均值变化幅度随 GCM、排放情景、未来时段而异。不同排放情景下未来不同阶段内预估的各月降水量大多高于历史基准期均值，只有个别月份和个别气候模式预估的降水量低于历史基准均值；就不同排放情景而言，低排放 SSP126 情景下预估的各月降水量较基准期相差幅度有限，尤其是 2015—2044 年，除 FGOAL - g3 预估的 7 月降水高出历史期水平近 50mm，其他各月相差均不超过 20mm，2045—2074 年和 2075—2100 年两个时段预估的各月降水量较基准期的变化幅度高于第一时段的降水变幅，尤其是春夏季节偏幅更大，但这两个时段的 9 月降水较基准期偏少。SSP245 情景下的预估结果与 SSP126 类似，第一个时段各月降水较历史期偏多幅度有限，而偏少的概率及幅度均相对比较显著，该情景下第一阶段 9 月的 FGOAL - g3 预估结果偏高 40mm，在后两个时段各月预估结果偏高程度增加，其中 7 月预估较历史期分别高出 23mm 和 38mm，多于 SSP126 对应时段偏高的 20mm 和 21mm。SSP370 预估的 7 月降水偏高程度更加显著，且个别 GCM 的极大值更大，其中，2045—2074 年和 2075—2100 年的 7 月降水预估最大值分别高出历史期均值 60mm 和 70mm，尽管预估的 9 月降水量低于历史期均值，但各不同模式预

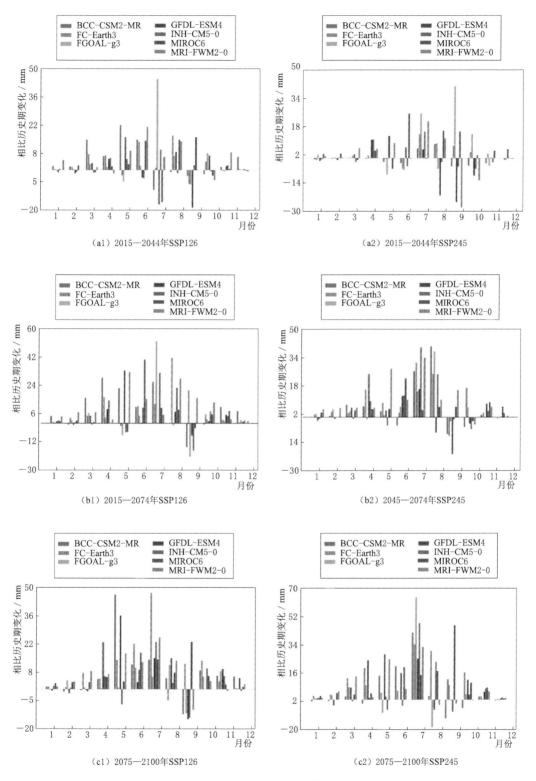

图 7.7 (一) 未来期年内降水变化

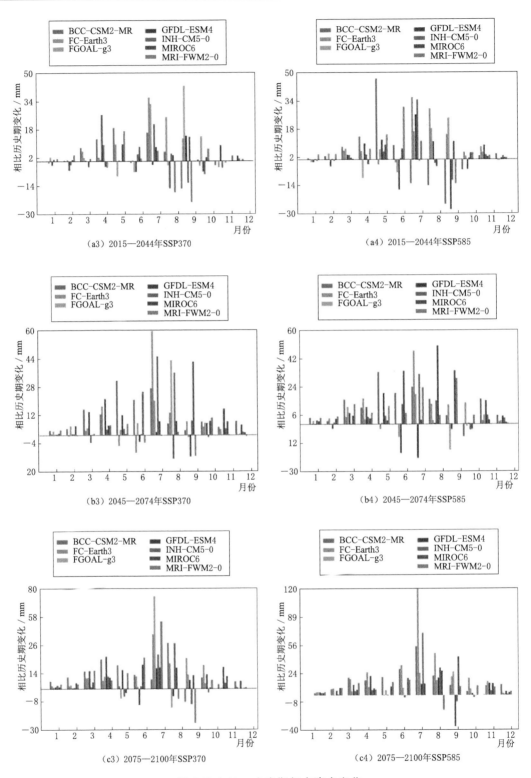

图 7.7（二）　未来期年内降水变化

估的最大和最小结果差异较大；SSP585 情景下前两个时段各 GCM 预估的较大值主要集中在 5—9 月，与 SSP370 情景下的预估结果有所相似，其中，第一个时段 BCC-CSM2-MR 的 5 月降水预估结果高出历史期近 50mm，也高于其他气候模式对其他各月降水变化的预估结果，最后一个时段除个别 GCM 预估结果偏低外，大多模式预估结果均不同程度高于历史期水平，其中 7 月偏高程度最大，该月份 FC-Earth3 的预估值高出历史期水平 120mm 以上。

综合来看，未来不同时段预估的降水较历史基准期总体偏多，但在 9 月偏少概率较大，7 月降水预估结果较历史期增加幅度相对较大。表 7.7 统计给出了不同排放情景下未来三个阶段四个季节降水量较历史基准期的变化，可以发现，除 SSP245 情景在第一个时段的秋季降水略低于历史期外，其他各季节降水均有不同程度增加，且未来远期时段和该排放情景下的降水增幅更大一些，特别是夏季降水，不仅平均增幅较高，而且 7 月、8 月出现极大值的可能性也大，相比而言，冬季增幅则相对微小。夏季降水的显著增加与流域雨热同期、夏季常发生暴雨的气候特征相对应。而这种气候暖湿化造成的夏季降水量增加将进一步增加极端洪涝事件的频率和剧烈程度，对当地防洪减灾将造成较大的压力。

表 7.7　　　　不同排放情景下未来不同阶段季节降水较历史基准期的变化　　　单位：mm

| 气候情景 | 时　　段 | 春 | 夏 | 秋 | 冬 |
|---|---|---|---|---|---|
| SSP126 | 2015—2044 年 | 4.9 | 6.6 | 0.3 | 1.6 |
| | 2045—2074 年 | 8.6 | 15.9 | 1.9 | 3.7 |
| | 2075—2100 年 | 8.8 | 13.8 | 2.8 | 3.4 |
| SSP245 | 2015—2044 年 | 1.9 | 5.2 | −0.7 | 0.8 |
| | 2045—2074 年 | 6.4 | 17.0 | 0.3 | 2.8 |
| | 2075—2100 年 | 7.9 | 18.1 | 5.6 | 1.9 |
| SSP370 | 2015—2044 年 | 5.1 | 5.9 | 1.9 | 1.2 |
| | 2045—2074 年 | 6.9 | 13.7 | 5.2 | 3.9 |
| | 2075—2100 年 | 9.0 | 17.7 | 4.2 | 5.2 |
| SSP585 | 2015—2044 年 | 6.5 | 7.7 | 0.0 | 1.4 |
| | 2045—2074 年 | 8.7 | 13.1 | 5.3 | 4.6 |
| | 2075—2100 年 | 10.4 | 25.7 | 8.2 | 7.9 |

## 7.2.1.4　$CO_2$ 浓度

图 7.8 给出了不同社会经济发展模式情景下 $CO_2$ 的未来变化趋势，可以看出，

SSP126 情景下，$CO_2$ 浓度开始时以较平缓的速度增加，到 2055 年达到峰值后则呈现下降态势，至 21 世纪末，其浓度水平跌回至 2035 年前后的水平。SSP245 情景下，$CO_2$ 浓度增加速率超过 SSP126 情景，但到了 21 世纪末，增势趋于平缓，其浓度水平大体稳定在 $650 \times 10^{-6}$（表 7.8）。而 SSP370 和 SSP585 情景下，$CO_2$ 浓度均呈现显著增加，其中，SSP585 情景下的 $CO_2$ 浓度在 21 世纪中叶后增幅急剧加快，至 2100 年已上升至 $1300 \times 10^{-6}$。

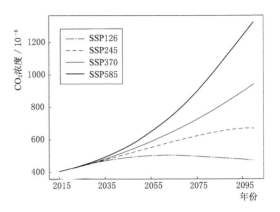

图 7.8　未来期 $CO_2$ 浓度逐年变化过程

表 7.8　　　　　　不同排放情景下未来各时段 $CO_2$ 浓度水平　　　　　　$\times 10^{-6}$

| 情景 | 2015—2044 年 | 2045—2074 年 | 2075—2100 年 |
|---|---|---|---|
| SSP126 | 446 | 497 | 485 |
| SSP245 | 454 | 571 | 651 |
| SSP370 | 458 | 619 | 826 |
| SSP585 | 465 | 701 | 1104 |

## 7.2.2　漳河上游未来植被及土地覆盖情景

### 7.2.2.1　漳河上游未来气候变化下的植被响应

漳河上游流域未来气候总体呈现暖湿化趋势，且 $CO_2$ 浓度不断攀高，这将有利于植被的生长，反映在 $LAI$ 上来说，其将呈现出一定的增加。基于 $LAI$ 对降水、气温以及 $CO_2$ 浓度变化的响应量化关系，分析未来气候变化情景下 $LAI$ 的变化趋势。

图 7.9 给出了不同排放情景下各植被类型 $LAI$ 的逐年变化过程，可以看出，在不同排放情景下 $LAI$ 呈现逐年波动性上升趋势，这与流域内未来降水总体增加、$CO_2$ 浓度逐步增加密不可分。表 7.9 定量分析了未来不同阶段 $LAI$ 较历史基准期的增加幅度，由表可以发现，SSP126 情景下 2045—2074 年各植被类型 $LAI$ 平均增加速率要高于 2075—2100 年，之后随着情景辐射强度增加，2075—2100 年的 $LAI$ 增速加大，其中，草地和灌丛 2075—2100 年的增速在 SSP245 情景下就已超过 2045—2074 年；至 SSP585 情景，所有植被类型 $LAI$ 的增速均超过前一时段。与历史期相比，各情景下 $LAI$ 都明显增加，各植被类型的增幅都超过了 5%；其中林地的 $LAI$ 增幅最大。未来情景下 $LAI$ 预估增加说明流域植被生态将出现积极正向变化，流域的生态环境可能有所改善，水源涵养能力及生态服务功能可能增强。

**表 7.9　　不同排放情景下未来不同植被类型 *LAI* 较历史基准期均值的变幅**

| 情景号 | FRSD | RNGE | PAST | AGRL |
|---|---|---|---|---|
| SSP126 | 13.3% | 6.1% | 7.3% | 6.6% |
| SSP245 | 13.0% | 6.2% | 7.2% | 6.0% |
| SSP370 | 14.7% | 7.9% | 8.5% | 7.2% |
| SSP585 | 16.6% | 10.4% | 10.7% | 9.2% |

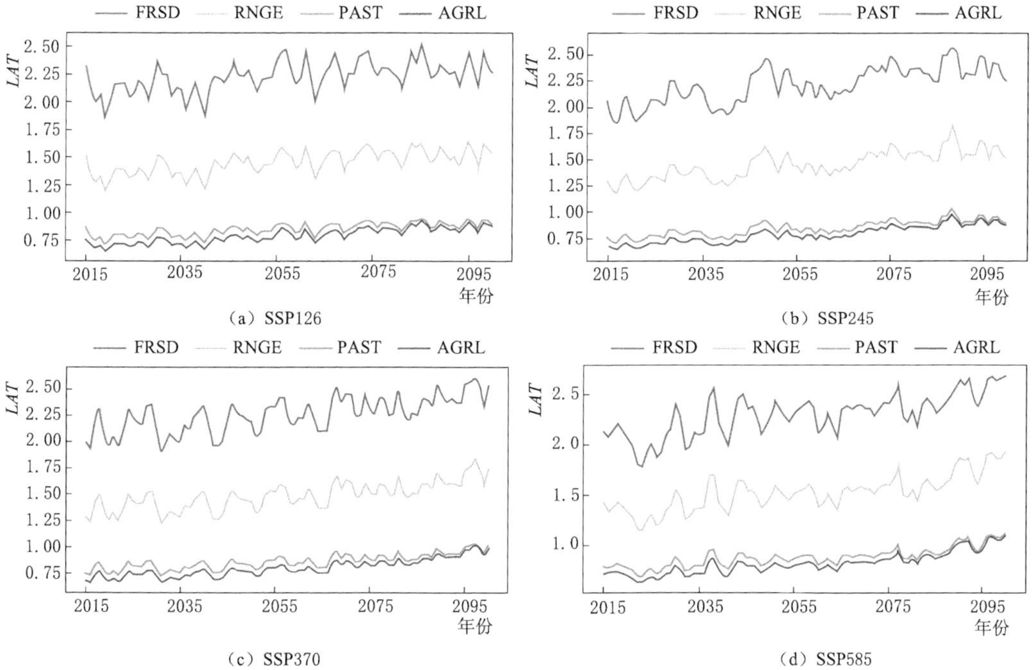


(a) SSP126　(b) SSP245　(c) SSP370　(d) SSP585

图 7.9　不同排放情景下各种植被类型的 *LAI* 变化趋势

#### 7.2.2.2　未来土地覆盖情景

下垫面是自然条件和人为活动共同作用下的产物，其中人为活动也一定程度上以自然条件为基础。自然条件包括气候、地形、土壤等，都能不同程度影响了土地覆盖类型及其分布，其中，气候和地形对植被生长有更大的影响，而森林植被对这两个因子的敏感性尤其显著。

漳河上游流域年降水量在 550～600mm、年均气温在 6～7℃，其水热条件基本可以满足森林的发育，因此不考虑流域内气候梯度变化对植被条件的约束。相比而言，漳河上游地形对植被的分布具有更显著的制约作用，主要体现在坡度和坡向两个方面。

坡度主要通过调节下垫面水分条件来影响植被的分布。一般来说，林木适宜生长在坡度较缓至适中的地带。过于陡峭的山坡，土层瘠薄、持水能力差，水分供给难以满足其生长需要；而平坦地形则融合了人为因素的影响，因为该地区同时是人类聚居的地区，且需要一定的耕地保有量，过多将平缓地区的耕地退还为林地会影响甚至无法满足社会经济发展的基本需求。

坡向通过不同太阳辐射条件下蒸发量的差异造成了土壤含水量空间分布的不同，从而影响植被的生长及分布。阴坡蒸发量明显小于阳坡，因此阴坡和半阴坡地带能够为树木生长提供相对充足的水分条件，这种情况在半干旱半湿润地带表现得格外显著，但不可否认，阴坡光照相对欠缺，这是不利于植被生长的要素。因此，对林木生长严格受水分条件约束，且对水分变化十分敏感的植被在阴坡长势相对较好；但在水源相对充分，对光照敏感的植被在阳坡长势就会相对较好。

结合地形要素分析了植被分布的适宜性以及研究流域未来经济发展程度，在此基础上设计未来土地覆盖情景。由于研究区处于海河流域乃至华北地区生态屏障地带，植树造林仍将是生态恢复的主要工作，在暖湿化的气候背景下，林地覆盖率预期将有较大幅度提升。因此考虑两种土地覆盖情景：

（1）情景 1（LUC1）：提高森林覆盖率、增强自然生态涵养的同时兼顾生态相关的产业发展。由于研究区域的养牛业、果树业、中药材业等是当地农林业重要经济支柱及民众收入来源，因此灌丛和草地仍然需要一定程度的保留。该情景下，假定灌丛和草地位于阴坡的部分全部转为林地。而阳坡坡度较陡地带，亦不利于开展相关农林经济活动，且更易发生水土流失，根据相关研究及实践，坡度 25°以上的坡耕地必须退还为林地，故以该值为界，大于此坡度的灌丛和草地修复为林地，小于此坡度的仍保留，可进行相关的生产活动。

（2）情景 2（LUC2）：未来以生态保护为主方向，大力进行植树造林，全面提高森林覆盖率，除了基本的城镇居民用地及农业用地外，不再进行其他开发。该情景下灌丛和草地类型全部转换为林地，而耕地和城镇面积保持不变，以维持当地民众基本的生活需求。

结合流域坡度、坡向及 2010 年土地覆盖的栅格数据进行重分类操作，得到两个发展情景下的土地覆盖图（图 7.10），并分析了各个土地覆盖类型的变化（表 7.10）。由表 7.10 中统计结果可知，两种土地覆盖情景下，林地面积均显著增加，其中 LUC1 的林地面积比例相比 2010 年的 16.3% 增加了一倍之多，而 LUC2 则达到了 90%；而 LUC1 的灌丛和草地比例对比 2010 年皆下降了 30% 左右。

表 7.10　　　　　　　　两种情景下各土地覆盖类型所占比例变化　　　　　　　　%

| 土地覆盖类型 | LUC1 | LUC2 | 土地覆盖类型 | LUC1 | LUC2 |
|---|---|---|---|---|---|
| FRSD | 33.2 | 90.1 | PAST | 16.9 | 0.0 |
| RNGE | 40.0 | 0.0 | AGRL | 8.6 | 8.6 |

## 7.2.3　考虑气候及植被协同变化的产流量变化趋势

### 7.2.3.1　未来气候植被情景下的 PYSWAT 模型构建

构建未来情景下的 PYSWAT 模型来预估水文要素的响应，需要未来期的气候数据、

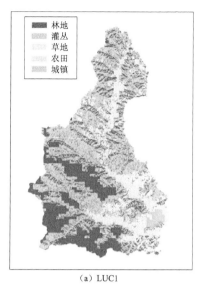

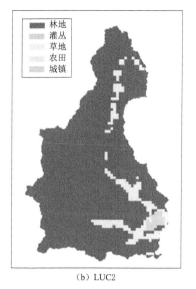

(a) LUC1　　　　　　　　　　　　　(b) LUC2

图 7.10　两种发展情景下的土地覆盖

植被数据、土地覆盖数据作为模型驱动。气候数据采用未来气候情景结合 LARS-WG 天气发生器生成的逐日降水、气温、太阳辐射、风速、相对湿度。$CO_2$ 浓度采用逐年均值，将其对应到年内任意一天。植被数据采用历史期 $LAI$ 平均值逐日系列和未来期各情景 $LAI$ 逐日系列。土地覆盖数据采用 2010 年土地覆盖及两个设计情景的土地覆盖。模拟时段为 2015—2100 年，分别模拟不同情景下的水文过程，假定在本研究气候情景下模型参数仍保持稳态。

考虑到气候本身对水文过程的影响显著，且关于未来水文情势的研究大多仅考虑了未来气候情景输入，对下垫面考虑不足；由于未来气候情景往往伴随着植被变化，植被变化与气候变化共同作用对水循环产生影响。因此，未来情景的 PYSWAT 模拟设定三种模拟试验方案：试验 1（exp 1）仅评价单纯气候所造成的水文响应，而 $LAI$ 数据采用历史期 $LAI$ 平均值，土地覆盖亦采用 2010 年土地覆盖水平；试验 2（exp 2）在气候变化影响的基础上增加了动态 $LAI$ 的考虑，采用未来各情景的 $LAI$ 预估数据；试验 3（exp 3）在试验 2 的基础上，进一步考虑未来可能发生的土地覆盖对水文过程的潜在影响，不仅采用了未来期的气候及 $LAI$ 数据，亦将假定的土地覆盖情景考虑在内。依次计算上述 3 种试验，以对未来期的水文过程变化进行评价，进而综合认识各种要素对水文过程的影响。

### 7.2.3.2　产流量未来演变趋势

图 7.11 给出了试验 1 情景下未来产流量变化过程，可以看出，未来不同排放情景下产流量年际变化较大，但总体呈现不同幅度的增加趋势，每 10 年平均增率为 2.2～6.6mm（表 7.11），$MK$ 趋势检验结果表明除 SSP370 情景外，其余情景的 $MK$ 值均超过 1.96，说明产流量增加趋势显著。未来各时段的产流量逐次增加，其中 SSP245 和 SSP585 情景下 2075—2100 年增加幅度尤其大。相较历史基准期多年平均

产流量（表 7.12），2015—2044 年有所减少，而后两个时段均显著增加，2015—2100 年平均产流量约增加 4%～11% 不等。未来降水增加是产流量增加的重要原因，尽管此期间内温度亦有较大的升高，使得蒸发消耗加大，但尚不足以抵消降水增加对产流量的正面影响。

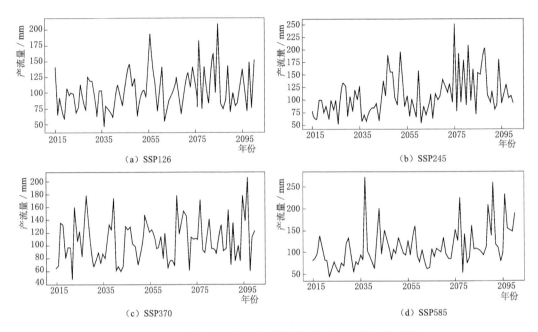

图 7.11　试验 1 未来期不同排放情景下产流量变化过程

表 7.11　　　　　　　　　　　试验 1 未来不同排放情景下产流量统计

| 情　景 | 变化速率 /(mm/10a) | MK 趋势统计 | 各时段多年平均值/mm | | |
|---|---|---|---|---|---|
| | | | 2015—2044 年 | 2045—2074 年 | 2075—2100 年 |
| SSP126 | 3.2 | 2.257 | 89.5 | 110.0 | 113.0 |
| SSP245 | 5.8 | 3.387 | 85.5 | 107.6 | 121.9 |
| SSP370 | 2.2 | 1.190 | 99.3 | 109.8 | 114.0 |
| SSP585 | 6.6 | 3.931 | 95.3 | 104.7 | 135.5 |

表 7.12　　　试验 1 不同排放情景下未来不同阶段产流量相对历史基准期的变化

| 情　景 | 各时段相对变化/% | | | 全时段相对变化 /% |
|---|---|---|---|---|
| | 2015—2044 年 | 2045—2074 年 | 2075—2100 年 | |
| SSP126 | −10.1 | 10.5 | 13.5 | 4.2 |
| SSP245 | −14.1 | 8.1 | 22.5 | 4.7 |
| SSP370 | −0.2 | 10.3 | 14.5 | 7.9 |
| SSP585 | −4.3 | 5.2 | 36.1 | 11.2 |

试验 2 考虑了动态 $LAI$ 后，未来期不同排放情景下产流量变化趋势均发生了一定的改变（图 7.12）。各时段的产流量平均值相对试验 1 总体上减少，说明在未来植被"变绿"不断增加的情形下，植被耗水对流域水量平衡变化产生一定的作用，但同时也应注意到，未来植被增加一部分是由于 $CO_2$ 浓度增加的贡献，而 $CO_2$ 对植被用水效率的正负影响亦随 $CO_2$ 浓度变化，二者抵消的结果最终影响水量平衡变化的方向。表 7.13 中统计结果表明，SSP585 情景下 2075—2100 年下的产流量均值172.6mm，明显大于试验 1 的结果 135.7mm，正说明了 $CO_2$ 浓度过高使得气孔闭合的蒸腾减少超过了植被"施肥"带来的蒸腾增加，造成"增水"效应。

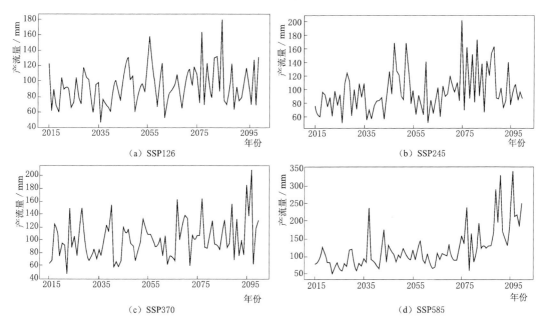

图 7.12 试验 2 不同排放情景下未来产流量变化过程

表 7.13 试验 2 不同排放情景下未来不同时段产流量及其相较试验 1
情况下结果的变化统计结果

| 情 景 | 变化速率 /(mm/10a) | MK 趋势统计 | 各时段多年平均值/mm | | |
|---|---|---|---|---|---|
| | | | 2015—2044 年 | 2045—2074 年 | 2075—2100 年 |
| SSP126 | 2.2 | 1.779 | 83.4 (−6.1) | 98.0 (−12.0) | 100.3 (−12.7) |
| SSP245 | 3.6 | 2.462 | 81.8 (−3.7) | 98.7 (−8.9) | 112.1 (−9.8) |
| SSP370 | 3.3 | 2.085 | 91.5 (−7.8) | 100.3 (−9.5) | 112.6 (−1.4) |
| SSP585 | 14.0 | 6.326 | 88.0 (−7.3) | 97.7 (−7.0) | 172.6 (37.1) |

注 括号内数字表示相对试验 1 的变化量。

试验 3 在增加考虑未来被覆变化的情景下，未来 2015—2100 年期间的产流量呈现明显的增加趋势（表 7.14）。但由于林地面积不同程度的增加，水文循环中更多水分用于蒸散发，使得产流量增幅略有降低。相对试验 2 情景，试验 3 各时段的产流量均显著降低（图 7.13），其中，LUC1 情景下产流量减少约 6%，LUC2 情景下由于林地大幅度增加，其产流量减少约 18%。同时，发现不同气候情景下各时段的减幅存在差异，但差异相对不大。而相比历史基准期的产流量，两情景均相对偏少。

表 7.14　试验 3 两土地覆盖情景下 2015—2100 年产流量变化趋势及时段
产流量统计结果

| LUC 情景 | 气候情景 | 变化速率 /(mm/10a) | MK 统计值 | 各时段多年平均值/mm | | |
|---|---|---|---|---|---|---|
| | | | | 2015—2044 年 | 2045—2074 年 | 2075—2100 年 |
| LUC1 | SSP126 | 2.18 | 1.831 | 78.0 | 92.1 | 94.5 |
| | SSP245 | 3.45 | 2.480 | 76.4 | 92.7 | 105.4 |
| | SSP370 | 3.16 | 2.074 | 86.2 | 94.9 | 106.3 |
| | SSP585 | 13.1 | 6.136 | 82.5 | 92.3 | 160.8 |
| LUC2 | SSP126 | 1.81 | 2.044 | 69.7 | 80.3 | 83.8 |
| | SSP245 | 2.55 | 2.529 | 68.2 | 81.4 | 89.9 |
| | SSP370 | 2.77 | 2.521 | 75.7 | 83.6 | 93.3 |
| | SSP585 | 11.5 | 6.244 | 72.7 | 80.5 | 140.6 |

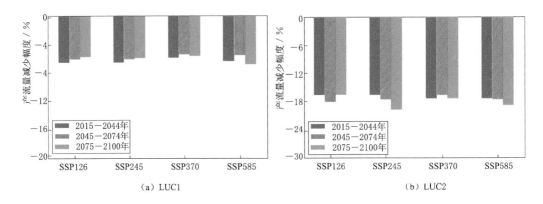

（a）LUC1　　　　　　　　　　　　（b）LUC2

图 7.13　试验 3 相对试验 2 的产流量变化

# 7.3　黄河源区未来气候变化及径流变化趋势

## 7.3.1　黄河源区未来气候变化情景

图 7.14 给出了黄河源区未来年降水量变化趋势，表 7.15 统计给出了各年代降水量相对于历史基准期（2015 年之前）的变化幅度。结果表明，在三种气候情景（SSP126、SSP245 和 SSP585）下，黄河源区年降水都呈现增长趋势，且随着时间的

推移，降水的增幅越大。在高温室气体高排放浓度情景下（SSP585），降水的增加趋势更为明显和显著。

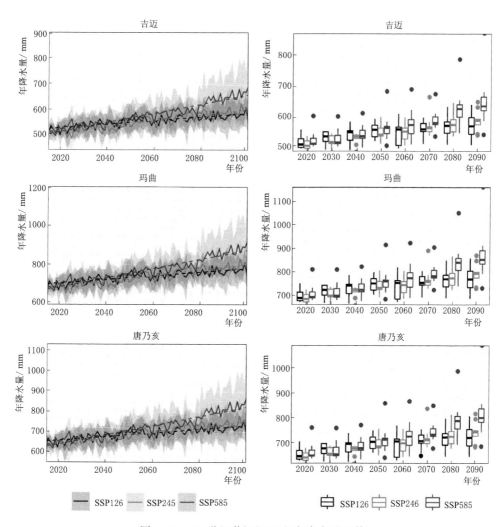

图 7.14  21 世纪黄河源区未来降水量预估

| 表 7.15 | | 21 世纪黄河源区不同情境下降水量变化趋势 | | | | | | | % |
|---|---|---|---|---|---|---|---|---|---|
| 站点 | 情景 | 20 年代 | 30 年代 | 40 年代 | 50 年代 | 60 年代 | 70 年代 | 80 年代 | 90 年代 |
| 吉迈 | SSP126 | 10.1 | 13.0 | 14.7 | 17.6 | 16.5 | 18.6 | 19.9 | 21.2 |
| | SSP245 | 8.0 | 10.3 | 12.1 | 16.8 | 16.6 | 21.1 | 22.3 | 24.6 |
| | SSP585 | 11.9 | 12.5 | 15.6 | 20.0 | 22.3 | 25.0 | 33.3 | 37.8 |
| 玛曲 | SSP126 | 13.3 | 16.4 | 18.1 | 21.0 | 19.9 | 22.1 | 23.4 | 24.7 |
| | SSP245 | 11.2 | 13.5 | 15.4 | 20.2 | 20.1 | 24.6 | 25.9 | 28.2 |
| | SSP585 | 15.2 | 15.8 | 19.0 | 23.5 | 25.9 | 28.7 | 37.3 | 41.9 |

续表

| 站点 | 情景 | 20 年代 | 30 年代 | 40 年代 | 50 年代 | 60 年代 | 70 年代 | 80 年代 | 90 年代 |
|---|---|---|---|---|---|---|---|---|---|
| 唐乃亥 | SSP126 | 16.3 | 19.5 | 21.2 | 24.3 | 23.1 | 25.3 | 26.7 | 28.0 |
| | SSP245 | 14.2 | 16.6 | 18.5 | 23.4 | 23.3 | 27.9 | 29.2 | 31.7 |
| | SSP585 | 18.2 | 18.9 | 22.1 | 26.8 | 29.2 | 32.1 | 40.9 | 45.6 |

就流域未来降水量预估的空间特征而言，黄河源区下游地区的增加幅度大于上游地区。在各个气候情景下，玛曲和唐乃亥站以上的流域的降水相对基准期的变化幅度均高于吉迈站以上流域。

21 世纪黄河源区日均气温的预估结果如图 7.15 所示，计算表 7.16 统计给出了不同年代温度较基准期的相对增温幅度。结果表明，各气候情景下黄河源区的日均气温都呈现上升趋势，且上游地区的增温幅度大于下游地区。在 SSP126 绿色发展共享社

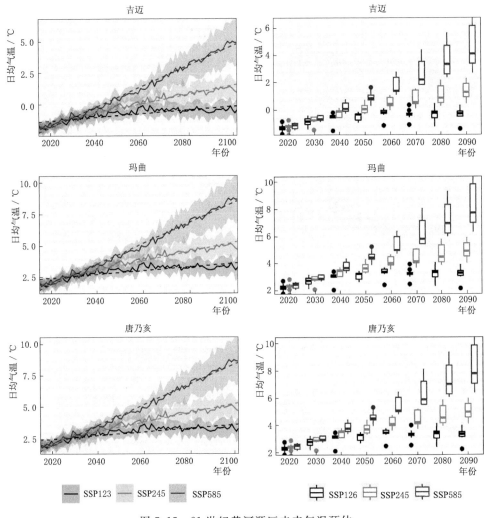

图 7.15　21 世纪黄河源区未来气温预估

会经济情景路径下，气温在 21 世纪 60 年代达到最高，60 年代之后气温变化趋于平缓，相对基准期的气温增幅不再明显增加。随着温室气体排放浓度水平的上升（SSP245 和 SSP585 相比于 SSP126），60 年代之后黄河源区气温增幅的不确定性增大，其标准差相比 60 年代之前也显著偏大。

**表 7.16　　　　　21 世纪黄河源区不同情境下气温较基准期的变化　　　　单位：℃**

| 站点 | 情景 | 20 年代 | 30 年代 | 40 年代 | 50 年代 | 60 年代 | 70 年代 | 80 年代 | 90 年代 |
|---|---|---|---|---|---|---|---|---|---|
| 吉迈 | SSP126 | 1.37 | 1.83 | 2.12 | 2.21 | 2.45 | 2.36 | 2.35 | 2.38 |
| | SSP245 | 1.46 | 1.93 | 2.48 | 2.80 | 3.25 | 3.49 | 3.78 | 4.05 |
| | SSP585 | 1.52 | 2.08 | 2.88 | 3.62 | 4.45 | 5.45 | 6.38 | 7.35 |
| 玛曲 | SSP126 | 1.17 | 1.62 | 1.92 | 2.00 | 2.24 | 2.16 | 2.14 | 2.18 |
| | SSP245 | 1.25 | 1.73 | 2.28 | 2.60 | 3.05 | 3.29 | 3.58 | 3.84 |
| | SSP585 | 1.32 | 1.88 | 2.68 | 3.42 | 4.25 | 5.25 | 6.18 | 7.15 |
| 唐乃亥 | SSP126 | 1.15 | 1.60 | 1.89 | 1.98 | 2.22 | 2.14 | 2.12 | 2.16 |
| | SSP245 | 1.23 | 1.71 | 2.26 | 2.58 | 3.03 | 3.27 | 3.56 | 3.82 |
| | SSP585 | 1.29 | 1.86 | 2.66 | 3.40 | 4.23 | 5.23 | 6.16 | 7.12 |

潜在蒸散发不仅是反映流域气候特征的重要指示因子，也是水文模拟的重要输入项。未来情景下的潜在蒸散发预估一直是水文学以及未来径流预估中广受关注的问题。由于 Penman-Monteith 潜在蒸散发模型计算所需气象要素较多，对 CMIP6 气候情景数据要求较高，本研究采用 Hargreaves 模型（Hargreaves and Samani，1985）计算未来情景下黄河源区的潜在蒸散发。Hargreaves 潜在蒸散发模型以日最高、最低气温作为输入项，数据要求较低。在应用 Hargreaves 模型之前，以 Penman-Monteith 模型计算得到的潜在蒸散发作为参考，率定 Hargreaves 模型的两个区域参数，以保证潜在蒸散发预估的可靠性和一致性。

图 7.16 给出了黄河源区 21 世纪潜在蒸散发演变趋势，其相对于基准期的变化幅度计算结果见表 7.17。结果表明，不同气候情景下黄河源区潜在蒸散发都呈现增加趋势，其时间变化过程与气温演变特征总体一致。就未来潜在蒸散发演变的空间特征而言，黄河源区中游地区的潜在蒸散发的增加幅度高于其他地区，其次是上游地区。

**表 7.17　　　21 世纪黄河源区不同情境下潜在蒸散发较基准期的相对变化　　　%**

| 站点 | 情景 | 20 年代 | 30 年代 | 40 年代 | 50 年代 | 60 年代 | 70 年代 | 80 年代 | 90 年代 |
|---|---|---|---|---|---|---|---|---|---|
| 吉迈 | SSP126 | 3.00 | 5.46 | 6.90 | 7.66 | 8.56 | 8.07 | 7.80 | 7.36 |
| | SSP245 | 3.48 | 6.12 | 9.11 | 10.20 | 12.32 | 13.82 | 14.59 | 15.97 |
| | SSP585 | 2.98 | 6.40 | 10.63 | 14.19 | 18.53 | 24.49 | 28.90 | 34.38 |

续表

| 站点 | 情景 | 20年代 | 30年代 | 40年代 | 50年代 | 60年代 | 70年代 | 80年代 | 90年代 |
|---|---|---|---|---|---|---|---|---|---|
| 玛曲 | SSP126 | 4.29 | 6.78 | 8.24 | 9.01 | 9.91 | 9.42 | 9.14 | 8.70 |
| | SSP245 | 4.78 | 7.45 | 10.48 | 11.58 | 13.73 | 15.24 | 16.02 | 17.42 |
| | SSP585 | 4.26 | 7.73 | 12.01 | 15.62 | 20.01 | 26.04 | 30.51 | 36.05 |
| 唐乃亥 | SSP126 | 2.70 | 5.15 | 6.59 | 7.35 | 8.24 | 7.75 | 7.48 | 7.05 |
| | SSP245 | 3.18 | 5.81 | 8.79 | 9.88 | 12.00 | 13.49 | 14.25 | 15.63 |
| | SSP585 | 2.68 | 6.09 | 10.30 | 13.86 | 18.18 | 24.12 | 28.52 | 33.98 |

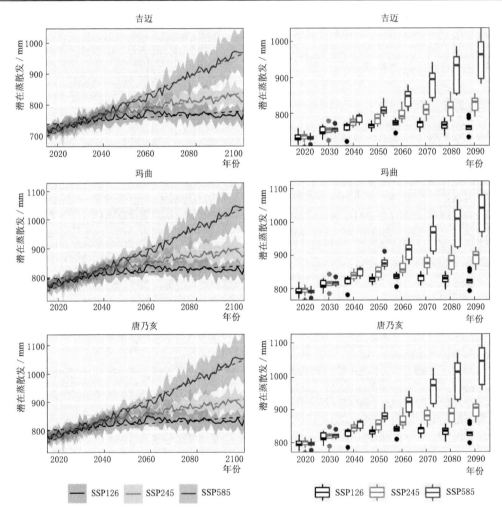

图7.16　21世纪黄河源区未来潜在蒸散发演变趋势

## 7.3.2　黄河源区未来径流演变趋势

利用未来气候情景驱动数据，即降水、气温和潜在蒸散发，分别驱动 GR4J_

SNOW 水文模型，模拟未来黄河源区河川径流量。图 7.17 给出了黄河源区代表水文站的未来径流深演变趋势，表 7.18 统计给出了未来不同年代预估径流量较基准期的变化幅度。黄河源区径流深预估结果表明，2020—2100 年期间黄河源区河川径流量总体呈上升趋势，这一趋势在玛曲站和唐乃亥站较为明显。黄河源区上游吉迈站在 21 世纪 50 年代之前预估径流量都低于基准期水平，50 年代之后由于降水量的持续上升，河川径流量有所回升。

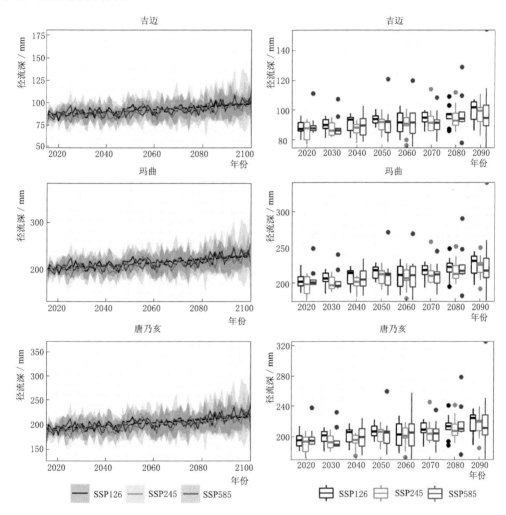

图 7.17　21 世纪黄河源区未来径流深变化预估

表 7.18　　　　　21 世纪黄河源区不同情境下径流深相对基准期的变化　　　　　%

| 站点 | 情景 | 20 年代 | 30 年代 | 40 年代 | 50 年代 | 60 年代 | 70 年代 | 80 年代 | 90 年代 |
|------|------|---------|---------|---------|---------|---------|---------|---------|---------|
| 吉迈 | SSP126 | −3.80 | −2.35 | −1.13 | 2.39 | −0.05 | 3.29 | 5.27 | 7.89 |
| | SSP245 | −6.09 | −4.96 | −5.29 | −0.41 | −1.56 | 2.17 | 4.02 | 6.03 |
| | SSP585 | −1.23 | −3.00 | −2.48 | 0.24 | 1.15 | 0.44 | 7.23 | 10.40 |

续表

| 站点 | 情景 | 20 年代 | 30 年代 | 40 年代 | 50 年代 | 60 年代 | 70 年代 | 80 年代 | 90 年代 |
|------|------|---------|---------|---------|---------|---------|---------|---------|---------|
| | SSP126 | 2.25 | 3.46 | 4.76 | 8.40 | 5.86 | 9.01 | 11.25 | 13.61 |
| 玛曲 | SSP245 | −0.69 | 0.58 | 0.47 | 5.52 | 4.15 | 8.34 | 9.99 | 11.92 |
| | SSP585 | 4.35 | 2.54 | 3.55 | 6.51 | 7.17 | 6.72 | 13.59 | 16.68 |
| | SSP126 | −0.63 | 0.81 | 2.12 | 5.46 | 3.18 | 6.18 | 8.27 | 10.49 |
| 唐乃亥 | SSP245 | −3.23 | −1.85 | −1.83 | 2.80 | 1.75 | 5.34 | 7.33 | 9.20 |
| | SSP585 | 1.46 | −0.03 | 0.78 | 3.73 | 4.51 | 4.18 | 10.92 | 14.02 |

## 7.4　清流河流域未来气候变化及径流变化趋势

### 7.4.1　清流河流域未来气候变化

图 7.18 和图 7.19 分别给出了清流河流域在中等排放情景下（RCP4.5）气温和降水变化范围及中位数过程。其中，蓝线为实测值，灰色区间为多模式预估结果变化区间，红色线为多模式的中位数模式预估结果。

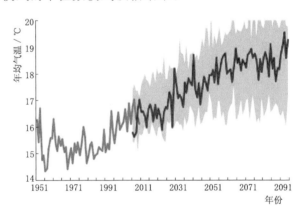

图 7.18　清流河流域实测年均气温及 RCP4.5
情景下的预估值变化趋势

由图 7.18 和图 7.19 可以看出：①实测气温具有先降后升的变化趋势，自 20 世纪 70 年代以来，气温持续上升，持续到 2060 年前后，然后升温速率略有降低；②无论过去还是未来几十年，清流河流域降水总体呈现自然的波动，趋势特征并不明显；③同时，也可以看出不同模式预估的气温和降水结果存在较大的不确定性，预估的未来气温和降水变化区间较大。

鉴于不同模式预估的气温和降水变化存在差异，参考 IPCC 处理不确定性的方式，采用四分位分析方法描述未来气温、降水发生增减或升降的可能性及变化幅度。以

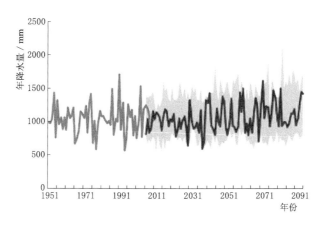

图 7.19 清流河流域实测年降水量及 RCP4.5
情景下的预估值变化趋势

1961—1990 年为基准期，根据所有模式的集合平均结果分析未来近期（2021—2050年）和远期（2061—2090 年）气候变化趋势。图 7.20 和图 7.21 分别给出了气温、降水在未来两个时段较基准期的变化。

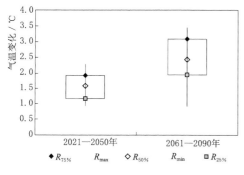

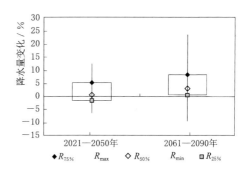

图 7.20 清流河流域未来气温较
基准期的变化

图 7.21 清流河流域未来降水量较
基准期的变化

由图 7.20 可以看出，流域未来气温将继续呈现上升趋势，近期和远期气温较基准期平均升高 1.6℃ ［0.97℃，2.30℃］ 和 2.4℃ ［0.92℃，3.59℃］；尽管不同模式预估的气温变化存在一定差异，但所有模式均预估未来两个时期期间较基准期有明显升高。

由图 7.21 可以看出，流域未来降水总体呈现增多趋势，近期和远期降水较基准期平均增加 0.96% ［−7.7%，12.3%］ 和 2.78% ［−9.5%，23.7%］；尽管中位数模式情景下，未来两个时期降水量较基准期略增，但不同模式预估的结果差异显著，并且对远期预估结果的变化范围大于近期的预估范围，不确定性是降水预估中存在较大的问题。总体来看，多数模式预估未来不同时期增多。

## 7.4.2　清流河流域未来径流变化趋势

根据未来气温降水变化情景，采用构建的气候与植被驱动的流域水文模型模拟未来流域水资源变化趋势，图 7.22 给出了清流河流域历史实测及未来模拟的径流量过程。

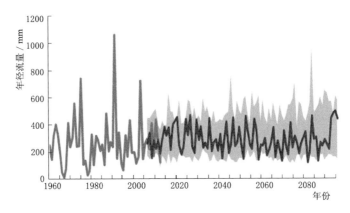

图 7.22　清流河流域实测及 RCP4.5 情景下模拟径流量过程（蓝线为实测值，灰色区间为多模式预估结果变化区间，红色线为多模式的中位数模式预估结果）

由图 7.22 可以看出，清流河流域实测径流量变化幅度较大，相比而言，基于中位数模式情景模拟的径流量变化幅度相对较小，但二者均呈现出一种自然的波动状态，没有明显的趋势性变化，但同时也可以看出，基础模式情景模拟的径流量存在一个较大的变化范围，说明不同模式情景预估的径流量存在较大的差异。

以 1961—1990 年为基准期，根据所有模式的集合平均结果分析未来近期（2021—2050 年）和远期（2061—2090 年）径流量变化。图 7.23 给出了径流量在未来两个时段较基准期的变化。由图 7.23 可以看出，与基准期相比，多数模式预估未来径流量将增加，多模式集合平均情况下，近期和远期径流量将可能增多 1.85% ［−11.8%，25.4%］ 和 3.95% ［−15.5%，38.9%］；但同时可以看出，不同模式情景下预估的径流量变化差异明显，在近期，某些模式预估径流量减少 10% 以上，同时有的模式预估径流量可能增多 25%；对于远期，不同模式预估的径流量变化差异更大。由此说明，模式情景是觉得未来径流变化评估的主要因素，存在较大的不确定性。

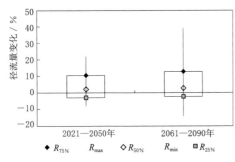

图 7.23　清流河流域未来径流量
较基准期的变化

值得说明的是，上述分析结果综合考虑了未来气候变化及强化驱动下植被变化对径流量的影响，如果不考虑植被的驱动作用，未来水资源较基准期变化幅度可能会总体上移 2%～3%，考虑植被的作用，流域散发增大，径流量有所减小。

## 7.4.3 清流河流域径流对假定气候变化的响应

气候模式情景具有较大的不确定性，为了进一步研究气候变化对径流变化的影响，采用假设气温和降水情景驱动流域水文模型模拟径流过程，并与原来的径流进行对比，分析径流变化对假定气候情景的响应。

根据全球和中国的气候模式研究结果，2035 年中国的年平均气温将可能上升 1.3～2.1℃，至 2050 年年平均气温将可能升高 2.3～3.3℃，至 21 世纪末中国平均气温将可能升高 3.9～6.0℃，相应阶段的降水变化幅度分别是 2%～3%、5%～7% 和 11%～17%。据此研究结果，同时参考清流河流域的未来气候变化情景，假设研究流域气温将在原来气温的基础上分别变化 0、±1℃、±2℃、5℃，降水在原来的基础上分别变化 0、±2%、±4%、±14%。将不同的假设情景组合输入模型并输出径流，计算不同假定气候变化情景下的径流量变化（表 7.19）。

表 7.19　　　　　　　　清流河流域假设气候情景下的径流变化百分比

| 气温变化 /℃ | 径流变化/% | | | | | | |
|---|---|---|---|---|---|---|---|
| | $\Delta P = -2\%$ | $\Delta P = -4\%$ | $\Delta P = -14\%$ | $\Delta P = 0$ | $\Delta P = 2\%$ | $\Delta P = 4\%$ | $\Delta P = 14\%$ |
| −2 | 6.45 | 2.17 | −22.45 | 11.67 | 18.06 | 23.6 | 52.19 |
| −1 | 0.82 | −3.61 | −27.06 | 5.76 | 11.65 | 16.96 | 44.64 |
| 0 | −4.75 | −9.5 | −31.58 | 0 | 4.89 | 9.9 | 36.25 |
| 1 | −8.14 | −12.46 | −33.89 | −3.55 | 1.51 | 6.39 | 31.98 |
| 2 | −10.99 | −15.23 | −36 | −6.51 | −1.64 | 3.1 | 28.06 |
| 5 | −17.53 | −21.58 | −40.56 | −13.4 | −9.08 | −4.72 | 18.29 |

注　$\Delta P$ 为降水的变化率。

由表 7.19 可以看出，清流河流域年平均气温每增加 1℃，径流将减少 3.55%；气温增加 2℃，径流减少 6.51%；气温每增加 5℃，径流减少 13.4%。清流河流域年降水每增加 2%，径流将增加 4.89%；降水增加 4% 情况下径流将增加 9.9%；降水增加 14% 可以引起径流增加 36.25%。

考虑不同气候情景组合情况，在气温升高 1℃ 同时降水分别增加 4% 和 14% 的气候情景下，径流将分别增加 6.39% 和 31.98%；在气温升高 2℃ 同时降水分别增加 2%、4% 和 14% 的气候情景下，径流分别减少 1.64%、增加 3.1% 和 28.06%。如果气温升高 2℃ 同时降水减少，这种情景下径流减少量更大。在气温升高 5℃ 同时降水变率为 −2%、−4%、−14%、2%、4% 的气候情景下，径流分别减少 17.53%、21.58%、40.56%、9.08%、4.72%，主要因为气温升高太多则会导致蒸发加强，最终导致径流大幅减少，在此气候情景下，降水如果没有达到相应的增幅，径流量将会大大减少。

## 7.5　本章小结

本章介绍了未来气候变化下三个典型流域的径流演变趋势。漳河上游未来气温均呈上升趋势，降水存在较大年际变异，但其总体趋势和温度变化大体类似。未来产流量年际变化较大，但总体呈现不同幅度的增加趋势，每 10 年平均增加量为 2.2～6.6mm。未来远期时段和高排放情景下产流量增加幅度更大，未来期总体产流量亦增加 4％～11％不等。

黄河源区未来年降水都呈现增长趋势，黄河源区的日均气温都呈现上升趋势，且上游地区的增温幅度大于下游地区。2020—2100 年期间黄河源区河川径流量总体呈上升趋势，21 世纪 50 年代之前预估径流量都低于基准期水平，50 年代之后由于降水量的持续上升，河川径流量有所回升。

清流河流域未来气温将继续呈现上升趋势，未来降水总体呈现增多趋势。与基准期相比，多数模式预估未来径流量将增加，多模式集合平均情况下，近期和远期径流量将可能增多 1.85％［－11.8％，25.4％］和 3.95％［－15.5％，38.9％］。不同模式情景下预估的径流量变化差异明显，存在较大的不确定性。

# 第8章 结论与展望

## 8.1 主要结论

选择漳河上游、黄河源区及清流河三个典型流域作为研究对象，基于长序列水文气象资料和遥感影像观测资料等，分析了研究流域气候、水文及下垫面要素的时空演变特征，揭示了下垫面变化对气候变化的响应关系，构建了考虑下垫面特性的流域水文模型，结合未来气候变化情景，分析了气候变化驱动下不同下垫面变化的区域水文响应机理，预测了流域未来的水文情势。

在全球尺度上，全球降水总体呈不显著增加趋势，其中欧亚大陆北部增加显著，而中东和非洲总体呈较明显的减少趋势；全球绝大部分区域的温度在年际及各季节均呈较明显的上升趋势。中国气温呈现显著的升高趋势；年降水量总体呈非显著性增加，降水变化具有明显的分异性。从三个典型区看，漳河流域上游降水先减后增，20世纪60年代降水量处于较丰水平，其后呈减少趋势至1998年前后开始趋于增加，最高气温呈增加趋势、最低气温呈减少趋势，年径流呈显著减少趋势，其中1977年后锐减，1998年后略呈增加趋势；各月径流在1958—2012年亦呈减势，尤以夏秋季节显著，而冬季径流则表现为增加趋势；黄河源区降水呈增加-减少-增加的三阶段变化趋势，1975年之前年降水量呈现波动且微弱上升趋势，1975—2000年期间年降水量呈现减少趋势，2000年之后年降水量又逐渐增加，年径流量与年降水量变化规律基本一致；温度则呈显著增加趋势；清流河流域年降水不显著增加，气温较明显上升，流域冬季趋于暖湿而春秋趋于温暖干燥，径流量的变化与降水量的变化趋势一致，且总体呈现增加趋势，其中冬季径流增加较显著。

漳河流域各植被类型 LAI 在研究时段均呈显著增加。LAI 在年尺度和生长期尺度上与降水的关系明显较好，与温度的相关性较差；黄河源区西部及北部积雪期开始时间早、持续时间长，积雪深和积雪日期呈不显著下降趋势，西部和北部年均雪深变化主要受降水影响，而在南部和东部气温则对年均雪深的变化影响更大，各季节 NDVI 均呈现增加趋势，NDVI 对降水和气温的响应关系在各季节有所不同，春夏季节的降水和温度增加对植被生长起正向贡献作用；清流河年际及各季节的 EVI 均显著增加，森林 EVI 对降水和蒸散发的响应呈现约 4 个月的累计滞后效应；月尺度上，EVI 和温度呈现较好的线性相关关系，而 EVI 对降水的响应则以 200mm 降水阈值为限，超过该值则降水变化不再引起显著的 EVI 变化。

根据研究区的不同流域特性，分别构建或改进水文模型对研究区的径流进行模拟。基于 GR4J 模型耦合融雪模块，建立考虑多种水源组成的降水融雪径流模型，并将其应用于黄河源区的径流模拟，在玛曲站应用效果最好，其次是唐乃亥站，模型对非汛期模拟的改善十分显著；基于 SWAT 模型，改进植被模块，构建能反映植被下垫面变化的分布式 PYSWAT 模型，用以漳河流域水文过程模拟，结果表明 PYS-WAT 在验证期表现优越，NSE 比基准 SWAT 高出 30%，并且改进后的模型能更好地描述了植被特性及其对水文过程的影响。基于数据流挖掘的径流动态模拟模型被用于清流河流域的径流模拟，月尺度径流模拟的精度 NSE 可达 0.85，优于传统的数据驱动模型以及代表性集总式水文模型，该模型能够动态捕捉影响因素与径流之间的关系并更新模型。

基于水文模拟结果，分析了环境变化的水文响应。在漳河流域，当灌丛向林地转变时，HRU 产流量减小幅度为 $10\sim40\text{mm}$，当灌丛向草地转变时，产流量的增加范围为 $15\text{mm}\sim35\text{mm}$。在 1980—1999 年期间，降水是天然径流减少最主要的因素；在 2000—2014 年期间，各种人为活动仍然是影响水量的重要因素。在黄河源区，气候的波动性对区域河川径流量具有很大影响，而流域下垫面的变化也是径流下降的部分原因。区域下垫面的演变是导致玛曲站和唐乃亥站径流减少的主要原因，由气候变化导致的径流减少分别为 3.1mm 和 9.4mm，下垫面变化导致的径流下降分别为 14.5mm 和 7.03mm。而吉迈站气候变化对径流的影响更大，气候变化导致径流增加 4.95mm，下垫面变化导致径流减少 1.91mm。对于清流河流域，气候变化、人类活动和土地利用变化对径流变化的贡献率分别为 95.36%、4.64% 和 12.23%，气候变化是湿季径流增加的主要原因，而人类活动是干季径流增加的主要因素。

最后结合未来气候变化趋势，分析了气候变化驱动下不同下垫面变化的区域水文响应。漳河上游各个情景下未来气温的预估结果中均呈上升趋势，降水存在较大年际变异，但其总体趋势和温度变化大体类似。流域未来气候总体呈现暖湿化趋势，且 $CO_2$ 浓度不断攀高，这将有利于植被的生长，反映在 LAI 上来说，其将呈现出一定的增加。未来各情景下的径流深总体呈现不同幅度的增加，每 10 年平均增加量为 $2.2\sim6.6\text{mm}$，且未来各时段的水资源量逐次增加，未来水资源量增加 $4\%\sim11\%$ 不等。黄河源区未来情景下的年降水呈现增长趋势，且随着时间的推移，降水的增幅越大；黄河源区的日均气温都呈现上升趋势，且上游地区的增温幅度大于下游地区。2020—2100 年期间黄河源区河川径流量总体呈上升趋势，21 世纪 50 年代之前预估径流量都低于基准期水平，50 年代之后由于降水量的持续上升，河川径流量有所回升。清流河流域未来气温将继续呈现上升趋势，未来降水总体呈现增多趋势。与基准期相比，多数模式预估未来径流量将增加，多模式集合平均情况下，近期和远期径流量将可能增多 1.85% 和 3.95%。

# 8.2 研究展望

如何适应环境变化是保障区域可持续发展的全球性焦点问题。国际水文科学协会将"变化环境下的水文与社会"作为新的十年水文科学计划"IAHS - Panta Rhei, 2013—2022"主题,联合国教科文组织将"水安全:应对区域及全球挑战"列为国际水文计划第八阶段研究方向(IHP - Ⅷ,2014—2021);"十三五"期间,国家自然科学基金启动了"西南河流源区径流变化和适应性利用"重大研究计划,科技部实施了"水资源高效开发利用""重大自然灾害监测预警与防范"等相关重点研发专项。目前,国内外在变化环境与流域水资源方面开展了较为系统的研究,并在径流演变特征识别、变化环境下模型参数化技术和水资源变化归因解析等方面取得了一系列研究成果,为水资源开发利用和防灾减灾决策提供了科技支撑。

然而,由于环境变化的复杂性,监测要素和模拟技术的有限性,针对流域水安全的环境变化影响研究还存在一定的局限。机理层面,对与水安全密切相关的社会、自然复杂系统的多要素过程及其作用机制考虑不足;评估方法上,缺乏具有自主知识产权的水安全整体模拟、评价和预测技术;水安全保障方面上,需要在考虑流域恢复力的基础上纳入环境变化风险。

环境变化及其对流域水安全的影响对新时代治水理念和流域管理提出了严峻挑战。以流域水安全保障为目标,通过完善流域水-热-生-化多要素天、地、空一体化立体监测,科学剖析流域水安全密切相关的多要素过程耦合作用机理及环境变化响应机制;结合多源信息融合和人工智能技术,构建流域水安全多要素过程紧密耦合的模型系统,全面突破流域水安全保障面临的监测、模拟、评估、预测技术瓶颈;定量评价和准确预测环境变化对江河湖库水安全的影响及风险,科学支撑江河绿色保护与流域高质量发展。

未来研究方向将集中在以下方面:①环境变化下流域水-热-生-化多要素天、地、空动态立体监测体系及数据融合共享平台;②流域水-热-生-化多过程耦合作用机理及环境变化响应机制;③基于物理机制和人工智能的多目标、多尺度与多过程紧密耦合的流域水安全模拟、评价与预测系统;④环境变化对主要江河湖库水安全影响及其脆弱性评价;⑤未来环境变化下我国流域水安全情势、风险和国家应对策略。

未来研究的重大基础科学问题包括:①流域水安全对环境变化的响应机制及归因解析;②环境变化下流域水安全脆弱性、趋势及风险;③基于流域可恢复力和水安全风险的国家应对策略。

# 参 考 文 献

车涛，郝晓华，戴礼云，等，2019. 青藏高原积雪变化及其影响 [J]. 中国科学院院刊，34（11）：1247 -
　　1253.

陈光宇，2011. 东北及邻近地区积雪的时空变化规律及影响因子分析 [D]. 南京：南京信息工程大学.

陈利群，刘昌明，2007. 黄河源区气候和土地覆被变化对径流的影响 [J]. 中国环境科学，（04）：559 - 565.

戴礼云，车涛，2015. 中国雪深长时间序列数据集（1979—2019）[Z]. 国家青藏高原科学数据中心.

丹利，谢明，2009. 基于 MODIS 资料的贵州植被叶面积指数的时空变化及其对气候的响应 [J]. 气候
　　与环境研究，14（5）：455 - 464.

邓鹏鑫，王银堂，胡庆芳，等，2014. GR4J 模型在赣江流域日径流模拟中的应用 [J]. 水文，34（2）：
　　60 - 65.

《第四次气候变化国家评估报告》编写委员会，2002. 第四次气候变化国家评估报告 [M]. 北京：科学
　　出版社.

窦小东，彭启洋，张万诚，等，2020. 基于情景分析的 LUCC 和气候变化对南盘江流域径流的影响
　　[J]. 灾害学，35（1）：84 - 89.

管晓祥，向小华，李超，等，2019. 乌江流域水沙规律演变及驱动因素定量分析 [J]. 泥沙研究，
　　44（5）：36 - 41.

管晓祥，张建云，鞠琴，等，2018. 多种方法在水文关键要素一致性检验中的比较 [J]. 华北水利水电
　　大学学报（自然科学版），39（2）：51 - 56.

韩丽，2007. 流域土地利用变化及水文效应研究 [D]. 南京：河海大学.

蒋元春，李栋梁，郑然，2020. 1971—2016 年青藏高原积雪冻土变化特征及其与植被的关系 [J]. 大气
　　科学学报，43（3）：481 - 494.

巨鑫慧，高肖，李伟峰，等，2020. 京津冀城市群土地利用变化对地表径流的影响 [J]. 生态学报，
　　40（4）：1413 - 1423.

李辉霞，刘国华，傅伯杰，2011. 基于 NDVI 的三江源地区植被生长对气候变化和人类活动的响应研究
　　[J]. 生态学报，31（9）：5495 - 5504.

栗士棋，刘颖，程芳芳，等. 环境变化对水资源影响研究进展及其借鉴与启示 [J]. 水利科学与寒区工
　　程，2020，3（5）：1 - 6.

刘卉芳，朱清科，孙中峰，等，2005. 黄土坡面不同土地利用与覆盖方式的产流产沙效应 [J]. 干旱地
　　区农业研究，（2）：141 - 145.

刘俊峰，杨建平，陈仁升，等，2006. SRM 融雪径流模型在长江源区冬克玛底河流域的应用 [J]. 地理
　　学报，61（11）：1149 - 1159.

刘启兴，董国涛，景海涛，等，2019. 2000—2016 年黄河源区植被 NDVI 变化趋势及影响因素 [J]. 水
　　土保持研究，26（3）：86 - 92.

刘晓娇，陈仁升，刘俊峰，等，2020. 黄河源区积雪变化特征及其对春季径流的影响 [J]. 高原气象，
　　39（2）：226 - 233.

吕爱锋，贾绍凤，燕华云，等，2009. 三江源地区融雪径流时间变化特征与趋势分析 [J]. 资源科学，
　　31（10）：1704 - 1709.

玛地尼亚提·地里夏提，玉素甫江·如素力，海日古丽·纳麦提，等，2019. 天山新疆段植被物候特征
　　及其气候响应 [J]. 气候变化研究进展，15（6）：624 - 632.

孟晗，黄远程，史晓亮，2019. 黄土高原地区2001—2015年植被覆盖变化及气候影响因子 [J]. 西北林学院学报，34 (1)：211 - 217.

宁忠瑞，张建云，王国庆，2021. 1948—2016年全球主要气象要素演变特征 [J]. 中国环境科学，41 (9)：4085 - 4095.

秦艳，丁建丽，赵求东，等，2018. 2001—2015年天山山区积雪时空变化及其与温度和降水的关系 [J]. 冰川冻土，40 (2)：249 - 260.

沈鎏澄，吴涛，游庆龙，等，2019. 青藏高原中东部积雪深度时空变化特征及其成因分析 [J]. 冰川冻土，41 (5)：1150 - 1161.

沈永平，苏宏超，王国亚，等，2013. 新疆冰川、积雪对气候变化的响应（I）：水文效应 [J]. 冰川冻土，35 (3)：513 - 527.

沈永平，苏宏超，王国亚，等，2013. 新疆冰川、积雪对气候变化的响应（II）：灾害效应 [J]. 冰川冻土，35 (6)：1355 - 1370.

沈永平，王国亚，苏宏超，等，2007. 新疆阿尔泰山区克兰河上游水文过程对气候变暖的响应 [J]. 冰川冻土，29 (6)：845 - 854.

史晋森，孙乃秀，叶浩，等，2014. 青海高原季节性降雪中的黑碳气溶胶 [J]. 中国环境科学，34 (10)：2472 - 2478.

孙晓瑞，高永，丁延龙，等，2019. 基于MODIS数据的2001—2016年内蒙古积雪分布及其变化趋势 [J]. 干旱区研究，36 (1)：104 - 112.

孙占东，黄群，2019. 长江流域土地利用/覆被变化的大尺度水文效应 [J]. 长江流域资源与环境，28 (11)：2703 - 2710.

田晶，郭生练，刘德地，等，2020. 气候与土地利用变化对汉江流域径流的影响 [J]. 地理学报，75 (11)：2307 - 2318.

王栋，吴栋栋，解效白，等，2020. 黄河源区水文气象要素时空变化特征分析 [J]. 人民珠江，41 (3)：66 - 72，84.

王高杰，黄进良，肖飞，等，2018. 基于关联性及趋势性分析的AVHRR NDVI及MODIS NDVI数据产品比较 [J]. 长江流域资源与环境，27 (5)：1143 - 1151.

王根绪，张钰，刘桂民，等，2005. 马营河流域1967—2000年土地利用变化对河流径流的影响 [J]. 中国科学（D辑：地球科学），(7)：671 - 681.

王慧，王梅霞，王胜利，等，2019. 1961—2017年新疆积雪期时空变化特征及其与气象因子的关系 [J]. 冰川冻土，1 - 9.

王金叶，常宗强，金博文，等，2001. 祁连山林区积雪分布规律调查 [J]. 西北林学院学报，(S1)：14 - 16.

王礼先，张志强，2001. 干旱地区森林对流域径流的影响 [J]. 自然资源学报，16 (5)：439 - 444.

王宁练，刘时银，吴青柏，等，2015. 北半球冰冻圈变化及其对气候环境的影响 [J]. 中国基础科学，(2)：9 - 14，2.

王强，许有鹏，王跃峰，等，2019. 中国东部不同特征小流域水文对比观测试验分析 [J]. 水科学进展，30 (4)：467 - 476.

王希群，马履一，贾忠奎，等，2005. 叶面积指数的研究和应用进展 [J]. 生态学杂志，24 (5)：537 - 541.

王钰双，陈芸芝，卢文芳，等，2020. 闽江流域不同土地利用情景下的径流响应研究 [J]. 水土保持学报，34 (6)：30 - 36.

吴淼，石朋，张行南，等，2018. 土地利用变化对径流影响的定量研究 [J]. 人民黄河，40 (3)：39 - 43.

向燕芸，陈亚宁，张齐飞，等，2018. 天山开都河流域积雪、径流变化及影响因子分析 [J]. 资源科学，40 (9)：1855 - 1865.

薛宝林，张瀚文，闫宇会，等，2020. 黄垒河流域气候与土地利用变化对径流的影响 [J]. 北京师范大学学报（自然科学版），56 (3)：445 - 453.

杨建平, 丁永建, 方一平, 2019. 中国冰冻圈变化的适应研究: 进展与展望 [J]. 气候变化研究进展, 15 (2): 178 - 186.

杨建平, 丁永建, 刘俊峰, 2006. 长江黄河源区积雪空间分布与年代际变化 [J]. 冰川冻土, 28 (5): 648 - 655.

杨林, 马秀枝, 李长生, 等, 2019. 积雪时空变化规律及其影响因素研究进展 [J]. 西北林学院学报, 34 (6): 96 - 102.

张成凤, 鲍振鑫, 杨晓甜, 等, 2019. 黄河源区水文气象要素演变特征及响应关系 [J]. 华北水利水电大学学报 (自然科学版), 40 (6): 15 - 19.

张成凤, 杨晓甜, 刘酌希, 等. 气候变化和土地利用变化对水文过程影响研究进展 [J]. 华北水利水电大学学报 (自然科学版), 2019, 40 (4): 46 - 50.

张建云, 土国庆, 金君良, 等, 2020. 1956—2018 年中国江河径流演变及其变化特征 [J]. 水科学进展, 31 (2): 153 - 161.

张蕾娜, 李秀彬, 2004. 用水文特征参数变化表征人类活动的水文效应初探——以云州水库流域为例 [J]. 资源科学, (2): 62 - 67.

张晓闻, 臧淑英, 孙丽, 2018. 近 40 年东北地区积雪日数时空变化特征及其与气候要素的关系 [J]. 地球科学进展, 33 (9): 958 - 968.

赵安周, 张安兵, 刘海新, 等, 2017. 退耕还林 (草) 工程实施前后黄土高原植被覆盖时空变化分析 [J]. 自然资源学报, 32 (3): 449 - 460.

郑淑文, 彭亮, 何英, 等, 2019. 基于 MODIS 的塔什库尔干河流域积雪覆盖时空变化及地形因子分析 [J]. 水电能源科学, 37 (10): 25 - 29.

钟镇涛, 黎夏, 许晓聪, 等, 2018. 1992—2010 年中国积雪时空变化分析 [J]. 科学通报, 63 (25): 2641 - 2654.

ADLER R F, et al., 2017. Global Precipitation: Means, Variations and Trends During the Satellite Era (1979—2014) [J]. Surveys in Geophysics, 38 (4), 679 - 699, doi: 10.1007/s10712 - 017 - 9416 - 4.

ALMEIDA E, FERRDIRA C, GAMA J, 2013. Adaptive model rules from data streams [C] //In Joint European Conference on Machine Learning and Knowledge Discovery in Databases (pp. 480 - 492) Springer, Berlin, Heidelberg.

ARNDT K A, SANTOS M J, USTIN S, et al., 2019. Arctic greening associated with lengthening growing seasons in Northern Alaska [J]. Environmental Research Letters, 14 (12): 125018.

ASADIEH B, KRAKAUER N, FEKETE B, 2016. Historical Trends in Mean and Extreme Runoff and Streamflow Based on Observations and Climate Models [J]. Water, 8: 189.

AUSTIN K G, SCHWANTES A, GU Y, et al., 2019. What causes deforestation in Indonesia? [J] Environmental Research Letters, 14 (2): 24007.

BAI J, et al., 2018. Snowmelt Water Alters the Regime of Runoff in the Arid Region of Northwest China [J]. Water, 10 (7).

BENNETT N D, CROKE B F, GUARISO G, et al., 2013. Characterising performance of environmental models [J]. Environmental Modelling & Software, 40: 1 - 20.

BERGHUIJS W R, et al., 2017a. Recent changes in extreme floods across multiple continents [J]. Environmental Research Letters, 12 (11): 114035.

BIFET A, GAVALDA R, 2007. Learning from time - changing data with adaptive windowing [C] //In Proceedings of the 2007 SIAM international conference on data mining (pp. 443 - 448). Society for Industrial and Applied Mathematics.

BLÖSCHL G, et al., 2017. Changing climate shifts timing of European floods [J]. Science, 357 (6351): 588 - 590.

BOSMANS J H C, BEEK L P H, SUTANUDJAJA E H, et al. , 2017. Hydrological impacts of global land cover change and human water use. Hydrol [J]. Earth Syst. Sci. , 21 (11): 5603 - 5626, doi: 10. 5194/hess - 21 - 5603 - 2017.

BRAHNEY J, MENOUNOS B, WEI X, 2017. Determining annual cryosphere storage contributions to streamflow using historical hydrometric records [J]. Hydrological Processes, 31 (8): 1590 - 1601.

CABRERA F O, SÀNCHEZ - MARRÈ M, 2018. Environmental data stream mining through a case - based stochastic learning approach [J]. Environmental Modelling & Software, 106: 22 - 34.

CHE T, LI X, JIN R, et al. , 2008. Snow depth derived from passive microwave remote - sensing data in China [J]. Annals of Glaciology, 49: 145 - 154.

CHEN X, et al. , 2017. Improved modeling of snow and glacier melting by a progressive two - stage calibration strategy with GRACE and multisource data: How snow and glacier meltwater contributes to the runoff of the Upper Brahmaputra River basin? [J]. Water Resources Research, 53 (3): 2431 - 2466.

CHOI G, ROBINSON D A , KANG S, 2010. Changing Northern Hemisphere Snow Seasons [J]. Journal of Climate, 23 (19): 5305 - 5310.

CHU H, VENEVSKY S, Wu C, et al. , 2019. NDVI - based vegetation dynamics and its response to climate changes at Amur - Heilongjiang River Basin from 1982 to 2015 [J]. Science of the Total Environment, 650: 2051 - 2062.

COLLINS M, et al. , 2013. Long - term Climate Change: Projections, Commitments and Irreversibility [C] // Stocker T F, Qin D, Plattner G - K, et al. . Climate Change 2013: The Physical Science Basis. Contribution of Working Group I to the Fifth Assessment Report of the Intergovernmental Panel on Climate Change. Cambridge University Press, Cambridge, United Kingdom and New York, NY, USA.

CONWAY D, 2001. Understanding the hydrological impacts of land - cover and land - use change [J]. HDP Update, 1: 5 - 6.

TANG Qiuhong, T. Oki, 2016. Historical and Future Changes in Streamflow and Continental Runoff [M]. John Wiley & Sons, Inc. , 17 - 37.

DAVIS J C, Shannon J P, Bolton N W, et al. , 2017. Vegetation responses to simulated emerald ash borer infestation in Fraxinus nigra dominated wetlands of Upper Michigan, USA [J]. Canadian Journal of Forest Research, 47 (3): 319 - 330.

DENG Y, et al. , 2020. Variation trend of global soil moisture and its cause analysis [J]. Ecological Indicators, 110, 105939, doi: https: //doi. org/10. 1016/j. ecolind. 2019. 105939

DONOHUE R J, MCVICAR T R, Roderick M L, 2009. Climate - related trends in Australian vegetation cover as inferred from satellite observations, 1981—2006 [J]. Glob. Chang. Biol. 15 (4): 1025 - 1039.

DUNN R J H, et al. , 2020. Development of an Updated Global Land In Situ - Based Data Set of Temperature and Precipitation Extremes: HadEX3 [J]. Journal of Geophysical Research: Atmospheres, 125 (16), e2019JD032263.

FANG Q, WANG G, LIU T, et al. , 2018. Controls of carbon flux in a semi - arid grassland ecosystem experiencing wetland loss: vegetation patterns and environmental variables [J]. Agric. For. Meteorol. 259: 196 - 210.

FENG H, ZHANG M, 2015. Global land moisture trends: drier in dry and wetter in wet over land [J]. Scientific Reports, 5, 18018, doi: 10. 1038/srep18018.

GAMA J, MEDAS P, CASTILLO G, et al. , 2004. Learning with drift detection [C] //In Brazilian symposium on artificial intelligence (pp. 286 - 295). Springer, Berlin, Heidelberg.

GARONNA I, JONG R, SCHAEPMAN M E, 2016. Variability and evolution of global land surface phenology over the past three decades (1982—2012) [J]. Global Change Biology, 22 (4): 1456 – 1468.

GEBREMICAEL T G, MOHAMED Y A, BETRIE G D, et al., 2013. Trend analysis of runoff and sediment fluxes in the Upper Blue Nile basin: a combined analysis of statistical tests, physically – based models and landuse maps [J]. Journal of hydrology, 482 (9): 57 – 68.

GIBERT K, IZQUIERDO J, SÀNCHEZ – MARRÈ M, et al., 2018. Which method to use? An assessment of data mining methods in Environmental Data Science [J]. Environmental Modelling & Software, https://doi.org/10.1016/j.envsoft.2018.09.021

GILLETT N P, SHIOGAMA H, FUNKE B et al., 2016. The Detection and Attribution Model Intercomparison Project (DAMIP v1.0) contribution to CMIP6 [J]. Geoscientific Model Development, 9 (10): 3685 – 3697, doi: https://doi.org/10.5194/gmd – 9 – 3685 – 2016.

GOMES H M, BARDDAL J P, ENEMBRECK F, et al., 2017. A survey on ensemble learning for data stream classification [J]. ACM Computing Surveys (CSUR), 50 (2), 23.

GOULDEN M L, BALES R C, 2019. California forest die – off linked to multi – year deep soil drying in 2012 – 2015 drought [J]. Nature Geoscience, 12 (8): 632 – 637.

GU G, ADLER R F, 2015. Spatial Patterns of Global Precipitation Change and Variability during 1901—2010 [J]. Journal of Climate, 28 (11), 4431 – 4453, doi: 10.1175/jcli – d – 14 – 00201.1.

GUAN X, ZHANG J, YANG Q, et al., 2020. Changing characteristics and attribution analysis of potential evapotranspiration in the Huang – Huai – Hai River Basin, China [M]. Meteorology and Atmospheric Physics.

MANN H B, 1945. Nonparametric tests against trend [J]. Econometrica, 13 (3): 245 – 259.

HAN L, TSUNEKAWA A, TSUBO M, et al., 2014. Spatial variations in snow cover and seasonally frozen ground over northern China and Mongolia, 1988—2010 [J]. Global & Planetary Change, 116: 139 – 148.

HARGREAVES G H, SAMANI Z A, 1985. Reference Crop Evapotranspiration from Temperature [J]. Applied Eng in Agric, 1 (2): 96 – 99.

HARRLOD L L, 1960. The watershed hydrology of plow plant corn [J]. Journal of Soil and water conservation, 15 (4): 183 – 184.

HARRLOD L L, 1960. Watershed test of no tillage corn [J]. Journal of Soil and water conservation, 22 (3): 98 – 100.

HARTMANN D L, Klein T, Rusticucci M, et al., 2013. Observations: Atmosphere and Surface [C] // Stocker T F, Qin D, Plattner G – K, et al. Climate Change 2013: The Physical Science Basis. Contribution of Working Group I to the Fifth Assessment Report of the Intergovernmental Panel on Climate Change. Cambridge University Press, Cambridge, United Kingdom and New York, NY, USA.

HOEGH – GULDBERG O D, et al., 2018. Impacts of 1.5℃ of Global Warming on Natural and Human Systems [C] //Masson – Delmotte T W, P Z V, H – O Portner, Roberts D, et al. Global Warming of 1.5℃. An IPCC Special Report on the impacts of global warming of 1.5℃ above pre – industrial levels and related global greenhouse gas emission pathways, in the context of strengthening the global response to the threat of climate change, 175 – 311.

HUANG J, 2017. Drylands face potential threat under 2℃ global warming target [J]. Nature Climate Change, 7 (6), 417 – 422, doi: 10.1038/nclimate3275.

IKONOMOVSKA E, GAMA J, DŽEROSKI S, 2011. Learning model trees from evolving data streams [J]. Data mining and knowledge discovery, 23 (1): 128 – 168.

IPCC, 2021. Climate Change 2021: The Physical Science Basis [M]. Cambridge, UK: Cambridge University Press.

IRANNEZHAD M, RONKANEN A K, KLOVE B, 2015. Effects of climate variability and change on snowpack hydrological processes in Finland [J]. Cold Regions Science and Technology, 118: 14 – 29.

IRANNEZHAD M, RONKANEN A K, KLOVE B, 2016. Wintertime climate factors controlling snow resource decline in Finland [J]. International Journal of Climatology, 36 (1): 110 – 131.

JIMENEZ C B E, et al., 2014. Freshwater resources [C] //Field C B, Barros V R, Dokken D J, et al. Climate Change 2014: Impacts, Adaptation, and Vulnerability. Part A: Global and Sectoral Aspects. Contribution of Working Group II to the Fifth Assessment Report of the Intergovernmental Panel of Climate Change. Cambridge University Press, Cambridge, United Kingdom and New York, NY, USA, pp. 229 – 269.

JOHN D, STEDNICK, 1996. Monitoring the effects of timber harvest on annual water yield [J]. Journal of Hydrology, 176: 79 – 95.

JOHNSON R C, 1997. Effects of upland afforestation on water resources – The Balquhidder Experiment 1981 – 1991 [J]. Institute of Hydrology Wallingford, ReP., 116 – 121.

JONG R, VERBESSELT J, SCHAEPMAN M E, et al., 2012. Trend changes in global greening and browning: contribution of short – term trends to longer – term change [J]. Global Change Biology, 18 (2): 642 – 655.

KAHIU M N, HANAN N P, 2018. Estimation of woody and herbaceous leaf area index in Sub – Saharan Africa using MODIS data [J]. Journal of Geophysical Research: Biogeosciences, 123 (1): 3 – 17.

KONG D, ZHANG Q, SINGH V P, et al., 2017. Seasonal vegetation response to climate change in the Northern Hemisphere (1982—2013) [J]. Global and Planetary Change, 148: 1 – 8.

KUMAR S, MERWADE V, KINTER J L, et al., 2013. Evaluation of Temperature and Precipitation Trends and Long – Term Persistence in CMIP5 Twentieth – Century Climate Simulations [J]. Journal of Climate, 26 (12): 4168 – 4185, doi: 10. 1175/JCLI – D – 12 – 00259. 1.

KUNCHEVA L I, 2008. Classifier ensembles for detecting concept change in streaming data: Overview and perspectives [J]. In 2nd Workshop SUEMA (Vol. 2008, pp. 5 – 10).

LAMBIN E F, BAULIES X, BOCKSTAEL N E, et al., 2002. Land use and Land cover Change implantation Strategy [J]. IGBP Report N. 48 and HDP Report No. 10: 21 – 66.

LEMORDANT L, GENTINE P, SWANN A S, et al., 2018. Critical impact of vegetation physiology on the continental hydrologic cycle in response to increasing $CO_2$ [J]. Proceedings of the National Academy of Sciences, 115 (16): 4093 – 4098.

LEON J R R, LEEUWEN W J, CASADY G M, 2012. Using MODIS – NDVI for the modeling of post – wildfire vegetation response as a function of environmental conditions and pre – fire restoration treatments [J]. Remote Sensing, 4 (3): 598 – 621.

LI F, ZHANG Y, XU Z, et al., 2014. Runoff predictions in ungauged catchments in southeast Tibetan Plateau [J]. Journal of Hydrology 511 (511): 28 – 38.

LI L, et al., 2020a. Global trends in water and sediment fluxes of the world's large rivers [J]. Science Bulletin, 65 (1), 62 – 69.

LI Q, LU X, WANG Y, et al., 2018. Leaf area index identified as a major source of variability in modeled $CO_2$ fertilization [J]. Biogeosciences, 15 (22): 6909 – 6925.

LI W, DU J, LI S, et al., 2019. The variation of vegetation productivity and its relationship to temperature and precipitation based on the GLASS – LAI of different African ecosystems from 1982 to 2013 [J]. International Journal of Biometeorology, 63 (7): 847 – 860.

LIU N, HARPER R J, DELL B, et al., 2017. Vegetation dynamics and rainfall sensitivity for different vegetation types of the Australian continent in the dry period 2002—2010 [J]. Ecohydrology, 10

(2)：e1811.

KENDALL M G, 1975. Rank correlation methods, Griffin.

MAO J, et al. , 2015. Disentangling climatic and anthropogenic controls on 1 global terrestrial evapo-transpiration trends [J]. Environmental Research Letters, 10 (9), 094008, doi：10. 1088/1748 - 9326/10/9/094008.

MARQUES M J, BIENES R, JIMÉNES L, et al. , 2007. Effect of vegetal cover on runoff and soil erosion under light intensity events. Rainfall simulation over USLE plots [J]. Science of the Total Environment, 378 (1 - 2)：161 - 165.

MASSERONI D, et al. , 2020. 65 - year changes of annual streamflow volumes across Europe with a focus on the Mediterranean basin [J]. Hydrology and Earth System Sciences Discussions, 1 - 16.

MEDLYN B E, BARTON C, BROADMEADOW M, et al. , 2001. Stomatal conductance of forest species after long - term exposure to elevated $CO_2$ concentration：a synthesis [J]. New Phytologist, 149 (2)：247 - 264.

MYHRE G et al. , 2019. Frequency of extreme precipitation increases extensively with event rareness under global warming [J]. Scientific Reports, 9 (1)：16063, doi：10. 1038/s41598 - 019 - 52277 - 4.

MYNENI R B, KEELING C D, TUCKER C J, et al. , 1997. Increased plant growth in the northern high latitudes from 1981 to 1991 [J]. Nature, 386 (6626)：698.

NASCIMENTO N D O, YANG X, MAKHLOUF Z, et al. , 1999. GR3J：a daily watershed model with three free parameters [J]. International Association of Scientific Hydrology Bulletin, 44 (2)：263 - 277.

NEITSCH S L, ARNOLD J G, KINIRY J R, et al. , 2011. Soil and Water Assessment Tool Theoretical Documentation Version 2009 [M]. Texas, Texas Water Resources Institute.

NOSETTO M D, JOBBAGY E G, PARUELO J M, 2005. Land - use change and water losses：the case of grassland afforestation across a soil textural gradient in central Argentina [J]. Global change biology, 11 (7)：1101 - 1117.

O'NEILL B C, et al. , 2017. The roads ahead：Narratives for shared socioeconomic pathways describing world futures in the 21st century [J]. Global Environmental Change, 42：169 - 180, doi：10. 1016/ j. gloenvcha. 2015. 01. 004.

O'NEILL B C, KRIEGLER E, RIAHI K, et al. , 2014. A new scenario framework for climate change research：the concept of shared socioeconomic pathways [J]. Climatic Change, 122 (3), 387 - 400, doi：10. 1007/s10584 - 013 - 0905 - 2.

OLIVARES - CONTRERAS V A, MATTAR C, GUTIÉRREZ A G, et al. , 2019. Warming trends in Patagonian subantartic forest [J]. International Journal of Applied Earth Observation and Geoinformation, 76：51 - 65.

ONSTAD C A, JAMIESON D G, 1970. Modeling the effects of land use modifications on runoff [J]. Water Resources Research, 6 (5)：1287 - 1295.

PARENT M B, VERBYLA D, 2010. The browning of Alaska's boreal forest [J]. Remote Sensing, 2 (12)：2729 - 2747.

PENG D, ZHANG B, LIU L, et al. , 2012. Characteristics and drivers of global NDVI - based FPAR from 1982 to 2006 [J]. Global Biogeochemical Cycles, 26 (3).

PERRIN C, MICHEL C ANDRÉASSIAN V, 2003. Improvement of a parsimonious model for streamflow simulation [J]. Journal of Hydrology, 279 (1 - 4)：275 - 289.

PINZON J E, TUCKER C J, 2014. A non - stationary 1981—2012 AVHRR NDVI3g time series [J]. Remote Sens. 6 (8)：6929 - 6960.

REICHLE L M, EPSTEIN H E, BHATT U S, et al. , 2018. Spatial heterogeneity of the temporal dynamics of arctic tundra vegetation [J]. Geophysical Research Letters, 45 (17): 9206 – 9215.

RETS E P, et al. , 2018. Recent Trends Of River Runoff In The North Caucasus [J]. Geography, Environment, Sustainability, 11 (3): 61 – 70.

RICCA V T, SIMMONS P W, MCGUINNESS J L, et al. , 1970. Influence of Land Use on Runoff from Agricultural Watersheds [J]. Amer Soc Agr Eng Trans Asae, 13 (2): 187 – 190.

ROGGER M, AGNOLETTI M, ALAOUI A, et al. , 2017. Land – use change impacts on floods at the catchment scale – Challenges and opportunities for future research [M]. Water Resources Research.

ROSS G J, ADAMS N M, TASOULIS D K, et al. , 2012. Exponentially weighted moving average charts for detecting concept drift [J]. Pattern Recognition Letters, 33 (2), 191 – 198.

SAJIKUMAR N, REMYA R S, 2015. Impact of land cover and land use change on runoff characteristics [J]. Journal of environmental management, 161: 460 – 468.

SCHIMEL D, STEPHENS B B, FISHER J B, 2015. Effect of increasing $CO_2$ on the terrestrial carbon cycle [J]. Proceedings of the National Academy of Sciences, 112 (2): 436 – 441.

SCHREIDER S Y, JAKEMAN A J, LETCHER R A, et al. , 2002. Detecting changes in streamflow response to changes in non – climatic catchment conditions: farm dam development in the Murray – Darling basin, Australia [J]. Journal of Hydrology, 262 (1): 84 – 98.

SHAKER A, HÜLLERMEIER E, 2012. IBLStreams: a system for instance – based classification and regression on data streams [J]. Evolving Systems, 3 (4): 235 – 249.

SHAO J, AHMADI Z, KRAMER S, 2014. Prototype – based learning on concept – drifting data streams [C] //In Proceedings of the 20th ACM SIGKDD international conference on Knowledge discovery and data mining (pp. 412 – 421). ACM.

SHAO J, HUANG F, YANG Q, et al. , 2017a. Robust Prototype – based Learning on Data Streams. IEEE Transactions on Knowledge and Data Engineering.

SHAO J, WANG X, YANG Q, et al. , 2017b. Synchronization – based scalable subspace clustering of high – dimensional data [J]. Knowledge and Information Systems, 52 (1): 83 – 111.

SHAO J, YANG Q, DANG H V, et al. , 2016. Scalable clustering by iterative partitioning and point attractor representation [J]. ACM Transactions on Knowledge Discovery from Data (TKDD), 11 (1): 5.

TAN Q F, LEI X H, WANG X, et al. , 2018. An adaptive middle and long – term runoff forecast model using EEMD – ANN hybrid approach [J]. Journal of Hydrology. https://doi.org/10.1016/j.jhydrol.2018.01.015

TESEMMA Z K, WEI Y, WESTERN A W, et al. , 2014. Leaf area index variation for crop, pasture, and tree in response to climatic variation in the Goulburn – Broken catchment, Australia [J]. Journal of Hydrometeorology, 15 (4): 1592 – 1606.

TEXEIRA M, OYARZABAL M, PINEIRO G, et al. , 2015. Land cover and precipitation controls over long – term trends in carbon gains in the grassland biome of South America [J]. Ecosphere, 6 (10): 1 – 21.

TRIPLETT G B, VANDOREN D M, 1964. Non – Plowed, Strip – Tilled Corn Culture [J]. Transactions of the ASAE, 7 (2): 0105 – 0107.

TUCKER C J, PINZON J E, BROWN M E, et al. , 2005. An extended AVHRR 8km NDVI dataset compatible with MODIS and SPOT vegetation NDVI data [J]. International Journal of Remote Sensing, 26 (20): 4485 – 4498.

VERNEKAR A D, ZHOU J, SHUKLA J, 1995. The Effect of Eurasian Snow Cover on the Indian Monsoon [J]. Journal of Climate, 8 (2): 248 – 266.

VETTER T, et al. , 2017. Evaluation of sources of uncertainty in projected hydrological changes under climate change in 12 large – scale river basins [J]. Climatic Change, 141 (3): 419 – 433, doi: 10. 1007/ s10584 – 016 – 1794 – y.

CHARLES J VÖ RÖ SMARTY, PAMELA GREEN, JOSEPH SALISBURY, et al. , 2000. Global Water Resources: Vulnerability from Climate Change and Population Growth [J]. Science, 289 (5477): 284 – 284.

WANG G, ZHANG J, HE R, et al. , 2008. Runoff reduction due to environmental changes in the Sanchuanhe river basin [J]. International Journal of Sediment Research, 23 (2): 174 – 180.

WANG X, WANG T, LIU D, et al. , 2017. Moisture – induced greening of the South Asia over the past three decades [J]. Global Change Biology, 23 (11): 4995 – 5005.

WEBER A, FOHRER N, MOLLER D, 2001. Long – term land use changes in a mesoscale watershed due to socio – economic factors – effects on landscape structures and functions [J]. Ecological modelling, 140 (1/2): 125 – 140.

WIDMER G, KUBAT M, 1996. Learning in the presence of concept drift and hidden contexts [J]. Machine Learning, 23 (1): 69 – 101.

XU C Y, SINGH V P, 1998. A Review on Monthly Water Balance Models for Water Resources Investigations [J]. Water Resources Management, 12 (1): 20 – 50.

YANG Q, BOEHM C, SCHOLZ M, et al. , 2015. Predicting multiple functions of sustainable flood retention basins under uncertainty via multi – instance multi – label learning [J]. Water, 7 (4): 1359 – 1377.

YANG Q, SHAO J, SCHOLZ M, et al. , 2011. Feature selection methods for characterizing and classifying adaptive sustainable flood retention basins [J]. Water Research, 45 (3): 993 – 1004.

YUAN F, WANG B, SHI C, et al. , 2018. Evaluation of hydrological utility of IMERG Final run V05 and TMPA 3B42V7 satellite precipitation products in the Yellow River source region, China [J]. Journal of Hydrology, 567: 696 – 711.

ZEMP M, HUSS M, THIBERT E, et al. , 2019. Global glacier mass changes and their contributions to sea – level rise from 1961 to 2016 [J]. Nature, 568: 382 – 386.

ZENG Z, et al. , 2018. Impact of Earth Greening on the Terrestrial Water Cycle [J]. Journal of Climate, 31 (7): 2633 – 2650, doi: 10. 1175/jcli – d – 17 – 0236. 1.

ZHAI R, TAO F, 2017. Contributions of climate change and human activities to runoff change in seven typical catchments across China, Sci [J]. Total Environ. , 605: 219 – 229.

ZHANG C, et al. , 2016a. Revealing Water Stress by the Thermal Power Industry in China Based on a High Spatial Resolution Water Withdrawal and Consumption Inventory [J]. Environmental Science & Technology, 50 (4): 1642 – 1652, doi: 10. 1021/acs. est. 5b05374

ZHANG Y, ZHANG C, WANG Z, et al. , 2016. Vegetation dynamics and its driving forces from climate change and human activities in the Three – River Source Region, China from 1982 to 2012 [J]. Science of The Total Environment, 563 – 564: 210 – 220.

ZHAO Q, ZHU Z, ZENG H, et al. , 2020. Future greening of the Earth may not be as large as previously predicted [J]. Agricultural and Forest Meteorology, 292: 108111.

ZHENG H L, ZHANG R, ZHU C, et al. , 2009. Responses of streamflow to climate and land surface change in the headwaters of the Yellow River Basin [J]. Water Resources Research, 45 (7): 641 – 648.

ZHU Z, PIAO S, MYNENI R B, et al. , 2016. Greening of the Earth and its drivers [J]. Nature climate change, 6 (8): 791 – 795.